@Descolonizando_Saberes

2ª. Edição

Mulheres Negras na Ciência

Bárbara Carine Soares Pinheiro

COLEÇÃO
CULTURAS
DIREITOS HUMANOS
E DIVERSIDADES
NA EDUCAÇÃO
EM CIÊNCIAS

LF
EDITORIAL

@Descolonizando_Saberes

2ª. Edição

Mulheres Negras na Ciência

Bárbara Carine Soares Pinheiro

Editora Livraria da Física
São Paulo | 2023

Editor: José Roberto Marinho
Editoração Eletrônica: Horizon Soluções Editoriais
Capa: Horizon Soluções Editoriais
Revisão Textual: Gabriel Nascimento

Texto em conformidade com as novas regras ortográficas do Acordo da Língua Portuguesa.

Dados Internacionais de Catalogação na Publicação (CIP)
(Câmara Brasileira do Livro, SP, Brasil)

Pinheiro, Bárbara Carine Soares

@Descolonizando_saberes: mulheres negras na ciência / Bárbara Carine Soares Pinheiro. – 2. ed. – São Paulo, SP: Livraria da Física, 2023. – (Coleção culturas, direitos humanos e diversidades na educação em ciências)

Bibliografia.
ISBN: 978-65-5563-356-6

1. Mulheres negras 2. Mulheres negras - Biografia 3. Mulheres negras - Brasil 4. Mulheres negras na ciência I. Título. II. Série.

23-166249 CDD-500

Índices para catálogo sistemático:
1. Mulheres na ciência: História 500

Tábata Alves da Silva – Bibliotecária – CRB-8/9253

ISBN 978-65-5563-356-6

Impresso no Brasil • *Printed in Brazil*

Editora Livraria da Física
Fone: (11) 3815-8688 / Loja (IFUSP)
Fone: (11) 3936-3413 / Editora
www.livrariadafisica.com.br | www.lfeditorial.com.br

Para e pela minha bisavó, minha avó, mainha e minha filha.
Obrigada por me tornarem diariamente quem sou.

Coleção "Culturas, Direitos Humanos e Diversidades na Educação em Ciências"

A elaboração da coleção "Culturas, Direitos Humanos e Diversidades na Educação em Ciências" está inserida em um cenário de política educacional nacional que valoriza a formação de professores a partir de valores sociais pertinentes aos Direitos Humanos. Esse entendimento se fortaleceu no Brasil como política de Estado a partir da Constituição de 1988 e, posteriormente, a partir da construção dos Programas Nacionais de Direitos Humanos - PNDH (BRASIL, 2003) e do Plano Nacional de Educação em Direitos Humanos - PNEDH (BRASIL, 2006), nos quais a Educação em Direitos Humanos é compreendida como um processo que articula três dimensões: a) conhecimentos e habilidades: compreender os direitos humanos e os mecanismos existentes para a sua proteção, assim como incentivar o exercício de habilidades na vida cotidiana; b) valores, atitudes e comportamentos: desenvolver valores e fortalecer atitudes e comportamentos que respeitem os direitos humanos; c) ações: desencadear atividades para a promoção, defesa e reparação das violações aos direitos humanos. Em 2012, o Conselho Nacional de Educação aprovou as Diretrizes Nacionais para a Educação em Direitos Humanos (BRASIL, 2012), reforçando em seu artigo 4º que a Educação em Direitos Humanos possui como base a afirmação de valores, atitudes e práticas sociais que expressem a cultura dos direitos humanos em todos os espaços da sociedade e a formação de uma consciência cidadã capaz de se fazer presente nos níveis cognitivo, social, cultural e político. Por fim, destacamos que em 2015, as Diretrizes Curriculares Nacionais para a Formação Inicial e Continuada dos profissionais do Magistério da Educação Básica (BRASIL, 2015) reafirmaram o compromisso dos professores da Educação Básica e Superior com a Educação em Direitos Humanos, considerando-a como uma "necessidade estratégica na formação dos profissionais do magistério e na ação educativa em consonância com as Diretrizes Nacionais para a Educação em Direitos Humanos". Tendo em vista esse cenário, imaginamos que a criação desta coleção possa proporcionar aos investigadores(as) da área de Educação em Ciências a publicação de suas pesquisas e indagações fomentando diálogos a partir das seguintes questões:

1. Educação em Direitos Humanos na formação e na prática de professores de Ciências;

2. Questões étnico-raciais na formação e na prática de professores de Ciências;

3. Sexualidades na formação e na prática de professores de Ciências;

4. Saberes tradicionais e científicos na formação e na prática de professores de Ciências;

5. Questões de Gênero na formação e na prática de professores de Ciências;

6. Cultura e Território na formação e na prática de professores de Ciências;

7. Estudos decoloniais na formação e na prática de professores de Ciências.

Aguardamos suas contribuições e vamos juntos construir uma Educação em Ciências mais humanizada. Feita por pessoas e para as pessoas – todas elas.

Roberto Dalmo Varallo Lima de Oliveira
Glória Regina Pessôa Campello Queiroz

Referências

BRASIL. Comitê Nacional de Educação em Direitos Humanos. **Plano Nacional de Educação em Direitos Humanos.** Brasília: Secretaria Especial dos Direitos Humanos, 2003.

BRASIL. Comitê Nacional de Educação em Direitos Humanos. **Plano Nacional de Educação em Direitos Humanos.** Brasília: Secretaria Especial dos Direitos Humanos, 2006.

BRASIL. Ministério da Educação. Conselho Nacional de Educação. Resolução n.1/2012, de 30 de maio de 2012. Estabelece Diretrizes Nacionais para a Educação em Direitos Humanos. Diário Oficial da União: Seção 1, Brasília, DF, p. 48, 31 maio 2012. Resolução CNE/CP 1/2012.

BRASIL. Diretrizes Curriculares Nacionais para a formação inicial e continuada dos profissionais do magistério da Educação Básica. Define as Diretrizes Curriculares Nacionais para a formação inicial em nível superior e para a formação continuada. **Diário Oficial da União:** Seção 1, Brasília, DF, p. 8-12, 25 jun. 2015. Resolução CNE/CP 2/2015.

Conselho Editorial

Maria de Lourdes Nunes (Dra. UFPI)
Maria Luiza Gastal (Dra. UNB)
Marlon Herbert Flora Soares (Dr. UFG)
Martha Marandino (Dra. USP)
Maura Ventura Chinelli (Dra. UFF)
Mônica Andréa Oliveira Almeida (Dra. CAp-UERJ)
Natália Tavares Rios Ramiarina (Dra. UFRJ)
Nicéa Quintino Amauro (Dra. UFU)
Paulo Cesar Pinheiro (Dr. UFSJ)
Plábio Marcos Martins Desidério (Dr. UFT)
Pedro Pinheiro Teixeira (Dr. CAP – UFRJ)
Suzani Cassiani (Dra. UFSC)

Sumário

Coleção "Culturas, Direitos Humanos e Diversidades na Educação em Ciências" 7
conselho editorial II

Prefácio 17

Apresentação do Livro e de Nós 21

Permita que eu fale, não as minhas cicatrizes: a química, a negritude, a maternidade, o amor, a revolução, o mundo cabem em mim 33

História das Ciências e Descolonização de Saberes 61

Mulheres nas Ciências Biomédicas, nas Tecnologias e na Matemática 79
Merit Ptah 79
Rebeca Davis Lee Crumpler 80
Sarah Boone 82
Odília Teixeira Lavigne 83
Alice Augusta Ball 84
Flemmie Pansy Kittrell 86

Enedina Alves Marques 87
Virgínia Leone Bicudo 88
Marie Maynard Daly 90
Mamie Phipps Clark 91
Katherine Johnson 92
Jane C. Wright 94
Henrietta Lacks 95
Ivone Lara 97
Mary Winston Jackson 98
Marie Van Brittan Brown 100
Jewel Plummer Cobb 101
Nair da França e Araujo 102
Gladys Mae West 104
Vivienne Lucille Malone-Mayes 105
Annie J. Easley 107
Wangari Muta Maathai 108
Patrícia Bath 110
Valerie Thomas 111
Eliza Maria Ferreira Veras da Silva 112
Octavia Butler 115
Mae Jemison 116
Sonia Guimarães 117
Segenet Kelemu 119
Denise Alves Fungaro 120
Quarraisha Abdool Karim 122

Francine Ntoumi 123
Joana D'arc Félix de Souza 125
Jarita Charmian Holbrook 126
Zélia Ludwig 128
Ijeoma Uchegbu 129
Dorothy Wanja Nyingi 131
Viviane dos Santos Barbosa 132
Buyisiwe Sondezi 133
Nashwa Abo Alhassan Eassa 135
Marcelle Soares Santos 136
Rapelang Rabana 138
Taynara Alves 139
Nadia Ayad 140

Concluindo o inconclusivo 143

Referências 147

Prefácio

Se o acesso "*de meninas e mulheres ao conhecimento científico e à carreira acadêmica oferece desafios a serem enfrentados, as dificuldades para as mulheres negras são ainda maiores*" (Catarina Marcolin e Zélia Ludwig).

Minha infância, na cidade de Franca/SP, foi cercada por dois tipos de sentimentos: um fora de casa e o outro dentro de casa. Fora de casa, a minha infância foi muito triste porque sofri várias chacotas por causa da cor de minha pele, do cabelo crespo, das roupas remendadas, dos sapatos furados e vários outros traços e ainda tinha o apelido de "a negrinha fedida do curtume". Dentro de casa era o lugar de refúgio e muita felicidade devido ao amor dos meus pais que sempre diziam "estude para vencer na vida". Meus pais pediam para utilizar os preconceitos, as humilhações e os xingamentos sofridos, como ferramentas para vencer na vida.

Para as mulheres negras, a conquista de determinados direitos e de determinados espaços é muito mais difícil, além de não termos condições e nem tempo de sermos frágeis.

"A gente reconhece a fortaleza que criamos na resiliência, que nos agrega, que nos salva. Sem essa fortaleza, sem a criação de táticas de sobrevivência, a nossa ancestralidade morreria nos próprios porões dos navios (negreiros)", frase muito bem destacada pela escritora Conceição Evaristo.

O *@Descolonizando_saberes: mulheres negras nas ciências* é um livro que tem a finalidade de difundir grandes nomes da ciência africana e afrodiaspórica, socializando produções científico-tecnológicas de mulheres negras das ciências biomédicas, matemáticas e tecnológicas. No capítulo um a autora Profa. Dra. Bárbara Carine traz uma escrevivência da sua trajetória enquanto mulher negra, mãe, filha, irmã, amiga, companheira, professora de química, doutora, pesquisadora, que, só depois de ter escrito sua tese de doutorado, percebeu que nunca tratou de suas motivações pessoais, nunca deu sentidos próprios a sua produção, à sua intelectualidade e à sua escrita. O capítulo dois apresenta um debate acerca da história da ciência em uma perspectiva descolonial. O capítulo três, por sua vez, apresenta as produções de várias cientistas negras africanas e afrodiaspóricas que nos inspiram diariamente.

Este livro revela a importância de brasileiras notáveis, cujas realizações, às vezes ignoradas pela sociedade, ajudam a inspirar e aumentar a autoestima coletiva, além terem contribuído para a redução das desigualdades raciais, econômicas e sociais.

“Como pessoas negras, temos que nos apoiar e apoiar uns aos outros. Devemos querer uns aos outros para ter sucesso, especialmente se esse sucesso estiver vinculado ao levantamento de nossa comunidade. Nem precisamos gostar um do outro. Mas devemos defender, proteger e elevar uns aos outros. Na verdade, sem isso nem sequer somos uma comunidade. Somos simplesmente indivíduos que se assemelham uns aos outros” (Dr. Runoko Rashidi).

Profa. Dra. Joana D'Arc Félix de Sousa

ETEC Prof. Carmelino Corrêa Júnior
Franca/SP

Apresentação do Livro e de Nós

"Fomos socializadas para respeitar mais ao medo que às nossas próprias necessidades de linguagem e definição, e enquanto a gente espera em silêncio por aquele luxo final do destemor, o peso do silêncio vai terminar nos engasgando"

– AUDRE LORDE

EIS AQUI um coletivo de mulheres que, não só, "[...] combinou de não morrer", como muito bem destaca a grande escritora Conceição Evaristo, mas que viveu e se tornou referência para todas aquelas que vieram depois, fazendo valer o sangue derramado por suas ancestrais. Este é um texto sobre mulheres negras nas ciências tidas socialmente como'exatas' – uma ilusão subjetiva que visa a supremacia objetiva do campo - escrito por uma mulher negra oriunda desta área. De modo que inicio corroborando com Giovana Xavier ao informar a esta academia brancocêntrica e eurocêntrica, que é possível substituir mulheres negras como objeto de estudo por mulheres negras contando sua própria história (XAVIER, 2019).

O *@Descolonizando_saberes: mulheres negras nas ciências* é um livro que surge a partir de uma página no Instagram na qual semanalmente desde 2017 eu divulgo imagens e histórias de pessoas negras africanas e afrodiaspóricas que foram/são referências científicas, em especial de áreas como as ciências biomédicas, matemática e tecnológicas. A página surgiu dos estudos que realizei já como professora do Instituto de Química da Universidade Federal da Bahia (UFBA) no intuito de, enquanto mulher negra que cursou uma graduação em Química, um mestrado e ou doutorado em ensino de Química e só teve um professor negro e nenhuma docente negra, resgatar onde estava a minha ancestralidade intelectual negra. Esses estudos para mim iniciaram em 2015 e desde então descobri que havia um passado encoberto, uma história silenciada, produções científico-tecnológicas pilhadas, uma intelectualidade ancestral negada. Percebi ali que precisava fazer algo para que as pessoas semelhantes a mim acessassem o quanto antes esses conhecimentos que timidamente eu resgatava no meu movimento pessoal. A partir disso, criei uma disciplina na universidade a qual, desde a segunda edição, ministro em companhia da professora e amiga Dra. Katemari Rosa, a qual também organizou comigo um livro sobre essa temática – o *Descolonizando Saberes: a lei 1639/2003 no Ensino de Ciências* – publicado por esta editora em 2018. Além disso, passei a dar muitas palestras sobre o assunto, idealizei junto com o pai da minha filha, o historiador e professor Dr. Ian Cavalcante, uma escola infantil com esses pressupostos, mas, ainda assim, a inserção no grande público era pequena. Foi aí que decidi fazer publicações constantes em minha própria rede social pensando nesse processo de difusão de uma ciência "negra". Rapidamente as pessoas passaram a compartilhar, curtir e comentar fortemente pedindo uma página só para o #Descolonizando. Logo na sequência criei a página no instagram intitulada *@descolonizando_saberes* e as pessoas continuaram inquietas e, dessa vez, me cobravam um livro. Relutei bastante, achei engraçado algumas vezes, mas, depois de um tempo, compreendi a seriedade daquela demanda e aqui estou eu para cumpri-la em nome da autoestima do meu povo e da socialização desses ícones da ciência, que necessitam ser publicizados largamente em todos os veículos de difusão científica.

Este livro é uma obra que tem como finalidade difundir grandes nomes da ciência africana e afrodiaspórica, socializando produções científico-tecnológicas de mulheres negras das ciências biomédicas, matemática e tecnológicas. Previamente trago uma escrevivência da minha trajetória enquanto mulher negra, mãe, filha, irmã, amiga, companheira, professora de química, doutora, pesquisadora; na sequência apresento um debate acerca da história da ciência em uma perspectiva descolonial; A seguir, apresento as produções dessas potentes mulheres que nos inspiram diariamente. Nesse sentido, sinalizo que a escolha das fontes e dos nomes foi aleatória, pautada nos materiais que, gradativamente, fui acessando, além das pessoas que pouco a pouco foram reconhecendo o meu trabalho e foram também me enviando (o meu muito obrigada a todas vocês!). Vale destacar também que nessas buscas muitas informações foram levantadas de sites outros como Wikipédia, Geledés (BUKKFEED, 2018), Revista Galileu, Brasil de Fato, dentre outras fontes. É importante também ressaltar que existem muitas outras cientistas negras que foram muito importantes para o desenvolvimento histórico das ciências, mas que não constam nesse livro, porque ou eu não consegui informações sobre elas ou ainda não cheguei a acessá-las.

Confesso que uma série de inseguranças me vieram à tona quando iniciei o processo de escrita desse livro: será que encontrarei editoras que queiram fazer esta publicação? Será que as pessoas se interessarão pela leitura? Será que as histórias não parecerão repetidas, visto que temos histórias de vidas cruzadas, dentre outras inseguranças decorrentes de um processo de racismo estrutural que, articulado a violência do patriarcado, coloca a nós, mulheres negras, na condição de hipersexualizadas, propensas a marginalidade e a trabalhos puramente manuais, desprovidas de desejos, de sonhos, de intelectualidade, de humanidade. Por vezes nos projetam como o outro do outro como cita Grada Kilomba (2012) – somos o outro por sermos mulheres e somos o outro por sermos pessoas negras. Somos o outro do outro e por vezes matam inclusive o outro que somos nós em virtude de uma não compreensão de paridade com aquilo que é tomado como o sujeito universal, que é o alterocídio pautado por Achile Mbembe (2018).

Superei essa insegurança do mesmo modo que superamos todas as outras, e não foram poucas, sendo essas as existentes habitualmente em nossas vidas enquanto mulheres negras. Mirei no exemplo de nossas ancestrais, mulheres que queimaram navios colonialistas, surraram invasores, chefiaram exércitos, fundaram quilombos, alforriaram companheiros, envenenaram senhores, atearam fogo nas plantações, incendiaram a casa grande etc. mulheres que, sem nunca perderem o afeto e a esperança, deram seu sangue para que hoje eu pudesse compor um grupo que é ainda seletode mulheres negras doutoras que produzem conhecimento no campo das ciências naturais, bem como formas de socialização delas. Foi o olhar para esse passado que me fez perceber que não tenho o direito de recuar: caímos, choramos, mas continuamos seguindo em frente por aquelas que vieram e por aquelas que virão.

Falar sobre nós mesmas é um processo de escrita que não é trivial, pois nos ensinaram que não só não sabemos escrever, publicar, pesquisar, mas também me ensinaram que na academia não se fala de si mesma. É a premissa da pretensa impessoalidade e neutralidade axiológica. Em nome desse ideal positivo de ciência aprendemos a abrir mão da primeira pessoa. Essa academia fortemente pautada na colonialidade eurocêntrica herda esse discurso não apenas do positivismo comteano, mas fundamentalmente de suas bases racionais greco-romanas que estabeleceram que a menina dos olhos do ocidente (a filosofia ocidental) surge a partir do rompimento do mito com o logos. Esta é uma perspectiva dicotômica que pauta a produção de um conhecimento verdadeiro assentado unicamente na razão e no afastamento entre o sujeito e o objeto.

Projeto essa escrita aqui a partir de outro lugar, do lugar de quem atesta que não deve ser rotulada como pesquisa militante a possiilidade de investigar os seus. Também falo do lugar de quem se questiona sobre, afinal, qual pesquisa não é militante ao ser pensada a partir da construção de um projeto histórico? Concebo essa escrita como filha de África, como parte de um coletivo de mulheres vindas de tradições filosóficas que guardam uma cosmovisão ética de indissociabilidade entre o eu e o nós de maneira que negligenciar o nós significa abrir mão de nós mesmas, abandonar nossas próprias existências.

Nesse sentido, o que proponho aqui são escrevivências de mim e de nós. A escrevivência é uma estratégia de escrita que visa propagar vozes insistentemente caladas por outras narrativas. Segundo Evaristo (2006), a nossa escrevivência não pode ser lida como história de ninar para os da casa-grande, e sim uma forma de incomodá-los em seus sonos injustos. Esta perspectiva foi cunhada pela própria Dra. Conceição Evaristo, como método de investigação, de produção de conhecimento e de posicionalidade implicada. A escrevivência, em meio a diversos recursos metodológicos de escrita, se utiliza da experiência da autora para viabilizar narrativas que dizem respeito à experiência coletiva de mulheres (SOARES; MACHADO, 2017).

Escreviver significa, nesse sentido, contar histórias absolutamente particulares, mas que remetem a outras experiências coletivizadas, uma vez que se compreende existir a partir de um comum constituinte entre autor/a e protagonista, quer seja por características compartilhadas através de marcadores sociais, quer seja pela experiência vivenciada, ainda que de posições distintas (SOARES; MACHADO, 2017). Evaristo (2006), discutindo sobre o conceito, considera que "o sujeito da literatura negra tem a sua existência marcada por sua relação e por sua cumplicidade com outros sujeitos. Temos um sujeito que, ao falar de si, fala dos outros e, ao falar dos outros, fala de si".

Mulheres negras tiveram a sua humanidade negada e, mediante a ausência do gênero humano, houve a negativa do gênero feminino também. Sabemos que o gênero é um constructo social surgido mediante o processo de surgimento da propriedade privada. O feminismo classista vai nos informar que, no contexto da revolução humana marcada pelo sedentarismo e surgimento da propriedade privada, houve a necessidade histórica de privação do corpo da mulher juntamente com a propriedade da terra. Isso se deu em virtude da questão da herança. As primeiras organizações sociais viviam de modo comunitário e tinham relações afetivo-sexuais livres do binarismo, da monogamia, da heteronormatividade e do patriarcado. Assim, quando uma mulher engravidava, seu filho/sua filha era uma criança filha da comunidade, e não existia figura paterna como horizonte, toda a comunidade se responsabilizava pela sobrevivência daquele novo membro.

No entanto, com o surgimento da herança, cria-se a necessidade social de atrelar os filhos e filhas aos seus respectivos pais. Como fisicamente é fácil identificar a progenitora da criança, mas não o seu pai, o homem necessitou criar vinculações do corpo da mulher à sua existência, tal qual uma relação de pertencimento da mulher ao homem. Nesse sentido, há uma nova divisão social generificada do trabalho, em que homens passam então a prover a sobrevivência da mulher, criando uma relação de dependência, fazendo-as acreditar que elas foram feitas para ficarem em casa e cuidarem do lar, pois são frágeis e não podem realizar trabalhos braçais, ou que são sensíveis, contidas, educadas, obedientes, passivas, fieis, pacientes, caridosas, carinhosas, e obrigatoriamente maternas. As mulheres foram colocadas em um lugar cognitivo e social de subalternidade e dependência que, até os dias de hoje, é difícil sair.

Mas, e as mulheres negras, como diria Sojouner Truth, acaso não são mulheres? Estas carregam o peso dos açoites há quatro séculos nestas terras. São tidas como fortes, mulheres que tudo suportam. Suportam cirurgias sem ou com pouco anestésico, suportam o assassinato do filho, suportam bater uma laje, suportam carga, dor, humilhação, fome, desemprego, genocídio. São as mais assassinadas no

Brasil, a maioria nas penitenciarias, nos subempregos, nas favelas, são a maioria quantitativa do país, mas são as que recebem os piores salários, os piores tratamentos etc. e se forem mulheres negras trans nem passam dos 35 anos de vida em média.

A escravidão necessitou desumanizar o ser humano negro para legitimar os maus tratos excessivos e toda a política letal do Estado. Para o clero, pessoas negras não tinham alma. Para o resto da sociedade branca também não. Eram animais. Animais não têm gênero – ninguém deixa de montar uma égua porque ela é fêmea e fêmeas são mais frágeis e vulneráveis. Fêmeas são apenas sexualizadas, como nós fomos/somos. Neste sentido, mulheres negras têm sexo, mas gênero não. Não são belas, recatadas, nem do lar. Ninguém espera isso de nós. Espera a força. A força de quem suporta ser abandonada, de quem suporta a solidão de, em relações heteroafetivas, ser preterida pelo homem branco e pelo homem negro em detrimento da mulher branca. A força de que desde que nascemos não sabemos o que é um cafuné, simplesmente porque nosso cabelo cresce para cima e ninguém sabe acariciar um cabelo sem ser de cima para baixo ou um cabelo cheio de creme. A força de quem desde cedo precisa aprender a se resolver com a solidão nos espaços escolares, desde o engolir o choro até o chorar desesperadamente e ninguém notar, simplesmente por que a mulher negra é invisível (PACHECO, 2013).

Mulheres negras são as aparentemente resolvidas afetivamente, mas só elas em sua solidão sabem o que é desejar um abraço, um afago, um conforto, um "você também pode chorar", "você é humana". São as mulheres que, majoritariamente, não escolhem parceiros ou parceiras, e, no afã da solidão, elas são escolhidas e por ali ficam na mendicância do respeito e do amor. São, portanto, mulheres hipersexualizadas e desintelectualizadas, do ponto de vista social.

Espero proporcionar neste texto momentos de reflexão, possibilitando um processo de reconstrução do papel da mulher negra na sociedade, retirando-a desse lugar social unicamente demarcado pelos fazeres braçais e pelas práticas sexuais, mas ressignificando esse papel, possibilitando a juventude negra feminina a premissa do futuro, de um futuro potente e distante do genocídio, encarceramento, prostituição e da invisibilização social. Um futuro mais próximo do nosso passado, mas não desse passado secular escravagista, mas de um passado milenar de grandes rainhas e grandes cientistas.

No capítulo a seguir trarei um pouco da minha trajetória acadêmica em uma narrativa autobiográfica, uma escrevivência. Fao isso pela necessidade de falarmos nós por nós, mas também por uma necessidade pessoal de uma menina que lá atrás na graduação foi ensinada que essas subjetividades não deveriam compor um trabalho acadêmico, pois a academia é o lugar da razão, da neutralidade axiológica, de uma ciência que demarca profundamente a separação entre sujeito e objeto. Então, talvez eu seja a voz dessa menina silenciada acerca de si própria querendo ecoar, e que, só depois de ter escrito uma tese de doutorado, percebeu que nunca tratou de suas motivações pessoais, nunca deu sentidos próprios à sua produção, à sua intelectualidade, à sua escrita. Apresento a vocês nessa próxima seção o meu EU que, na verdade, não está e nunca esteve só. Trazemos em cada uma de nós os acúmulos de todas as outras. Somos individualmente grandes quilombos ancestrais. Neste capítulo, reservo-me o direito de citar apenas mulheres negras. Não me levem a mal, é apenas um desejo de justiça histórica.

No capítulo dois trarei alguns elementos teóricos para pensarmos a decolonialidade ou descolonialidade como uma possibilidade analítica de reconfigurarmos não só narrativas históricas, mas desconstruirmos a universalidade de cosmovisões generalizadas que imprimem sobre o outro a premissa da sua inexistência ontológica, epistemológica, intelectual, estética, cultural e humana.

No capítulo três apresentarei algumas das várias cientistas negras africanas e afrodiaspóricas, objetivando socializar essas potências intelectuais com o intuito de tornar públicas suas histórias, bem como de potencializar a juventude de mulheres negras no sentido da apropriação de referências científicas ancestrais, de modo que elas se vejam também projetadas nesses espaços de produção de conhecimento que são espaços sociais de poder. Neste sentido, apresento mulheres negras, que desenvolveram/desenvolvem conhecimento nas áreas das ciências exatas e biomédicas, tendo socializado importantes inventos nas suas áreas ou sendo pioneiras nas ocupações desses espaços.

PERMITA QUE EU FALE, NÃO AS MINHAS CICATRIZES: A QUÍMICA, A NEGRITUDE, A MATERNIDADE, O AMOR, A REVOLUÇÃO, O MUNDO CABEM EM MIM

Introdução

A voz da minha bisavó
Ecoou criança
nos porões do navio.
ecoou lamentos
de uma infância perdida.

MEU NOME é Bárbara Carine Soares Pinheiro, bisneta de Vicença, uma mulher negra que foi escravizada até os 12 anos e viveu até a sua morte em um quilombo no interior da Bahia, próximo a Miguel

Calmon, chamado Mocambo dos Negros. Cresci ouvindo mainha contar histórias de sua infância quando, até os 9 anos, morava na casa da sua avó. Eram memórias doces de uma juventude sofrida. Não conheci a minha bisavó, mas guardo a sua imagem serena de quem lutou pela sobrevivência coletiva dos seus/das suas e morre com a tranquilidade no olhar de quem, apesar dos açoites, esteve do lado certo da história.

Imagem 1: *Foto de Vicença*

Fonte: arquivos da minha família.

A voz de minha avó
ecoou obediência
aos brancos-donos de tudo.

Conheci a minha avó Djanira Soares, que faleceu quando eu tinha 6 anos. Lembro ainda de suas histórias de não poder xingar o nome "desgraça", pois ela pulava 7 cercas para vir ao nosso encontro, bem como me recordo de suas rezas, de seus ensinamentos de não ir para a corrente de vento com o corpo suado, de não poder sair pela janela porque "dava para ladrão", de não deixar o cachorro se espreguiçar na nossa frente, pois estaria medindo a nossa cova. Ela dizia ainda para não deixar a sandália emborcada, não poder ouvir música nem comer carne na sexta-feira santa, não poder deixar roupa pelo avesso, além de rememorar os lenços que amarrava na sua cabeça e de mainha dar algum dinheiro a ela e ela distribuir tudo com os/as outros/as filhos/as e ficar com fome. Vejo em minha lembranças muitíssimas coisas. Recordo de mainha reclamando muito com ela por causa isso e dela dizendo "[se] não é seu, pode ser ouro em pó, passe por cima e vá embora". Havia ainda o banho que ela preparava de sal grosso para os meus irmãos tomarem depois de umas lapiadas de painho[I], significando, talvez, ensinamentos próximos de cicatrização de feridas utilizados recentemente por suas ancestrais na escravidão. Minha vó nasceu também no Mocambo dos Negros e morreu no subúrbio ferroviário de Salvador na década de 90 do século passado.

[I] A "lapiadas" me refiro a uma surra que painho dava nos meus irmãos.

Imagem 2: *Foto da festa de aniversário de dois anos de Bárbara, Djanira ao seu lado de lenço na cabeça.*

Fonte: arquivos da minha família.

A voz de minha mãe
ecoou baixinho revolta
no fundo das cozinhas alheias
debaixo das trouxas
roupagens sujas dos brancos
pelo caminho empoeirado
rumo à favela

Sou filha de Teresinha Soares de Jesus, nascida em 9 de março de 1951 no Mocambo dos Negros. Ela é a mulher mais incrível que conheci na vida. Sua infância foi de muito trabalho na roça, mas sempre transmite beleza nas palavras e no olhar ao contar como era colocar a lata d'água na cabeça para pegar a água da fonte, ao relatar sobre de que forma o boi lhe deu uma chifrada e a arremessou para dentro do cercado, e acerca de como era a colheita na roça. Ela ainda narra de maneira farta sobre as histórias do sapo cururú que sua avó lhe contava, da vez que ela quase foi comida pela onça – sua mãe disse que viu e ouviu a onça à noite no acampamento – da troca do seu nome no dia do seu batizado. Toda essa beleza guardada a sete chaves de uma infância difícil se perde aos nove anos quando mainha vai acompanhar até a rodoviária a sua irmã mais velha de 15 anos, que iria para a capital trabalhar na casa das pessoas. Mainha queria apenas deixar sua irmã dentro do ônibus, emas foi mal interpretada e foi para Salvador junto com minha tia Val.

Com apenas nove anos, minha mãe começa a trabalhar na casa de pessoas brancas de Salvador em regime semi-escravo. Trabalhava o dia todo em troca de lhe permitirem dormir no local de trabalho e fazer as suas refeições, mas não lhe deixavam sair para estudar. Ela conta que saiu fugida de uma casa na Barra, onde viveu em cárcere privado. Perdeu sua juventude limpando fachadas, vidraças, lavando trouxas de roupa, queimando a barriga no fogão, ou seja, sofrendo todo tipo de humilhações e chantagens.

Tempos depois, em janeiro de 1974, ela compra uma casa na periferia de Salvador. Segundo ela, a casa foi dada por Iansã. Ela conta que na época era só tinha mato alie havia apenas dois moradores na rua onde ela gerou a mim e a meus irmãos, sendo que eles vivem até hoje na Fazenda Grande do Retiro. Trabalhou depois vendendo itens de armarinho, geladinho, almoço, cerveja, refrigerante, isto é, se virava com o que dava. Mainha teve dois filhos (Hermilo e Emerson) e duas filhas (Cristiane e eu), mas não terminou sua escolarização básica, embora fosse de uma sabedoria ancestral imensa que fazia a gente comer ovo e calabresa frita a vida toda (eu entrei na universidade, por exemplo, praticamente sem comer carne de boi, peixe ou frango, porque dizia que não gostava, mas, na verdade, conhecia muito pouco). Além disso, faltava luz, água, não comprávamos roupas novas, lanches, nem brinquedos, mas ela fazia o possível e o impossível para pagar a escola particular do bairro até a oitava série para que pudéssemos estudar. Tudo isso à base de muita inadimplência e de muita humilhação, pois como ela me dizia: "*não vai ser igual a mim, vai pegar em livros e não em vassouras*". Era a sua forma de dizer eu te amo...

Não me lembro de ouvir "eu te amo" de mainha ou de painho ao longo da minha vida. Meu pai é o rapaz sorridente na minha foto da festinha de dois anos (imagem 2). Acho que o sorriso é uma característica das famílias negras recém advindas da escravidão nas Américas. A escritora afro-estadunidense bell hooks (2010) fala de um amor silencioso, pouco demonstrado nas senzalas, como estratégia de sobrevivência, como uma forma de ter o máximo possível por perto o seu afeto, do seu bem querer, sem que ele fosse vendido ou morto. Pelo direito de amar, aprendemos a falar "eu te amo" de outras formas, às vezes até de formas "*brutas, mas cheias de carinho*", como diz a cantora Iza na canção *Dona de Mim*. Endurecer-se diante das dificuldades e concentrar esforços para garantir a própria sobrevivência fez com que muitas gerações fossem ensinadas a "*engolir o choro*". Expressões comuns de amor como abraços, frases de carinho e afagos ficaram em segundo plano em muitos lares (SOUZA, 2017). Teresinha é uma mulher forte, cruelmente forte, forçada a ser forte pelo peso do racismo. Não lembro dela doente enquanto nos criava, se adoeceu, ninguém viu.

Imagem 3: *Foto de Teresinha.*

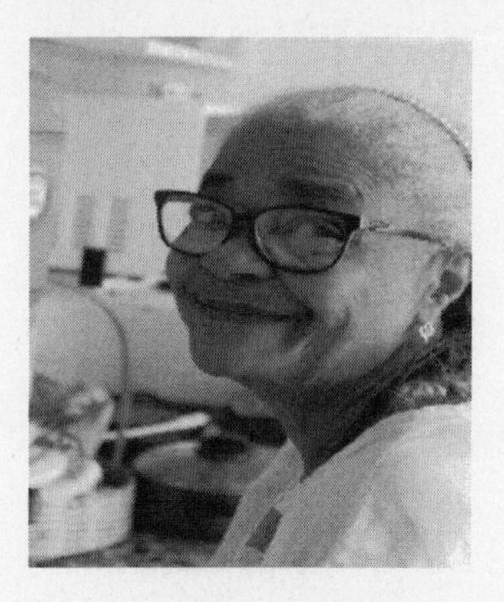

Fonte: arquivos da família.

Devo à minha mãe, dona Teresinha, tudo o que fui, o que sou e o que pretendo vir a ser. Eu te amo, mainha. Desculpa por também por não ter aprendido a dizer essa frase ao longo da vida.

A minha voz ainda
ecoa versos perplexos
com rimas de sangue
e fome.

Este livro trata de narrativas autobiográficas de mulheres negras da área de ciências da natureza. Como já destacado inicialmente, sou Bárbara Carine Soares Pinheiro com nome e sobrenome porque, como diz a socióloga baiana e pré-candidata à prefeitura de Salvador Vilma Reis em suas inúmeras potentes palestras, nós, pessoas negras, "temos nome e sobrenome", e não nos permitiremos mais sermos definidas, mas diremos nós mesmas quem somos (XAVIER, 2019)

Saber quem se é parece um exercício fácil, mas não há trivialidade alguma nesse processo. Por isso, nestas poucas páginas recorro à filosofia ancestral africana Sankofa para compreender-me como um sujeito do mundo, sujeita ao mundo. Sankofa é um dos adinkra, conjunto de ideogramas que compõe a escrita dos povos de Akan, da África Ocidental. Isso significa que nunca é tarde para voltar e recolher o que ficou para trás (NASCIMENTO, 2008). Significa ainda olhar para o passado para entendermos quem somos e onde queremos chegar. Nesse movimento de resgate ancestral, entendo-me hoje como constituída por passos que vieram de longe (WERNECK, 2007), passos vindos para além da minha bisavó cujas pegadas foram apagadas pelo rastro de sangue deixado pela escravidão.

Nasci na Fazenda Grande do Retiro, um bairro periférico da cidade de Salvador. Cresci livre pelas ruas do meu bairro. Lembro do cheiro do barro vermelho que levantava quando chovia e, sobre a chuva, também tenho doces memórias do banho nas bicas nas frentes das casas. Eu gostava de imitar meus irmãos mais velhos, empinar arraia, jogar bola e brincar de garrafão. Tinha muitos amigos e amigas. Alguns ficaram pelo caminho, sendo barrados pela insaciável sede de sangue negro que tem o racismo, mas outros seguem comigo até hoje desviando cotidianamente da mira do Estado. Recordo de ter a pele mais clara do que as minhas amigas. Elas tinham a cor da noite e eu queria muito ter nascido como elas. Recordo que não me entendia negra.

Notei-me negra já na adolescência quando na escola, aos quinze anos no ensino médio, um colega me chamou para integrar um coletivo negro estudantil. Fui porque ele era bem bonito, mas, ao ingressar no coletivo, e ao ouvir as histórias de vidas cruzadas, tornei-me negra pela dor (SOUZA, 1983), e passei a perceber que as experiências que vivia, que me davam vontade de chorar. Outras pessoas ali também viviam coisas parecidas, como serem pegas roubando Kinder Ovo no mercado, voltar andando treze quilômetros da escola até minha casa, ter vergonha do chão, das paredes, dos móveis da minha casa, dormir num quarto onde dormiam cinco pessoas, ter uma mãe que com uma dívida infinita nos estabelecimentos do bairro e que era constantemente humilhada por isso. Para além disso, ver pessoas conhecidas sendo mortas desde muito jovem, passar o tempo identificando cotidianamente se era estouro de tiro ou de bomba, sentir medo pela vida de meu pai e meus irmãos diariamente, ter medo da polícia, entrar nos estabelecimentos e sair com as mãos à mostra, dentre outras coisas, eram dores que nos atravessavam e que me fizeram reconhecer aquele coletivo de pessoas como um lugar de auto-reconhecimento e de conforto no mundo. Nesse momento, eu já sabia que queria entrar para a universidade e já sabia que gostava de ciências, mas, para entendermos onde surge esse meu interesse, precisaremos voltar um pouquinho aos meus onze anos.

Quando tinha onze anos e estava no ensino fundamental eu escutei uma professora dizer que, "se Deus ajudasse ela, ela faria um mestrado e, se ajudasse ainda mais, faria um doutorado". Ali captei que mestrado e doutorado deveriam ser coisas muito boas e que davam muito dinheiro (risos) e que poderiam tirar a mim e a minha família daquela situação difícil. Decidi então ser doutora muito antes de entender o que isso de fato significava.

Eu era uma boa estudante, tirava excelentes notas e gostava muito de matemática, mas era tudo muito pouco diante da minha aparência e do meu lugar de origem. Na oitava série o professor me perguntou onde estudaria no próximo ano e eu, que sabia que minha mãe não mais pagaria escola, respondi que estudaria no Centro Federal de Educação Tecnológica da Bahia (o então CEFET, atual Instituto Federal da Bahia ou IFBA). O professor gargalhou da minha cara e me disse para procurar logo uma vaga no colégio estadual. Fiz a prova do CEFET e isso reforçou todas as expectativas acerca do meu fracasso, e foi então que mainha me matriculou no Colégio Estadual Duque de Caxias. Era agradável ir andando da Fazenda Grande do Retiro para o bairro da Liberdade, pois amava andar pelo Curuzú, ouvir o ilê ensaiando, pessoas negras com roupas coloridas e sorridentes andando pelas ruas.

Um belo dia na terceira unidade, eu já passada de ano com o somatório das notas que tinha, conversei com minhas três amigas do colégio: Cássia, Cátia e Fernanda (nunca mais as vi, e gostaria muito de reencontrá-las). Na conversa eu perguntei o que elas queriam ser. Uma disse que queria ser policial militar, a outra queria ser cabeleireira e outra *motogirl*. Fiquei com vergonha de dizer que queria ser doutora, até porque eu nem sabia o que era aquilo. Decidi então que precisava tentar novamente a prova do CEFET, dessa vez sem contar a ninguém, mas só à mainha, que seguia fielmente acreditando em mim, como sempre foi. Fiz a prova, e ela me esperou do lado de fora por quatro horas. Tempos depois o resultado saiu. No jornal do meio dia da televisão eles explicaram que o resultado tinha sido divulgado em duas vias: no jornal impresso e colado na porta do CEFET no bairro do Barbalho, que fica a treze quilômetros da Fazenda Grande do Retiro. Eu não tinha dinheiro para o jornal e nem para o ônibus. Então eu disse para mainha que iria ali e saí andando até a escola. Chegando lá, entrei e me deparei com o mural. Fiquei estática por minutos lendo o meu nome naquela lista de aprovados. Li Bárbara, li Teresinha, Djanira, Vicença, todas nós. Depois dali tive outras aprovações importantes na minha vida: no vestibular, no concurso de professores do Estado, no concurso da Universidade Estadual de Feira de Santana (UEFS), no mestrado, no doutorado, nas seleções de professor substituto do CEFET e da Universidade Federal da Bahia (UFBA), no concurso para professor efetivo da UFBA, mas nada foi como aquele dia. Aquele foi o momento que eu contrariei tudo que eu acreditava e que me disseram sobre mim. Entendi que havia algum problema naquelas narrativas, pois era confuso, mas esperançoso e libertador. Estudei no CEFET. Foi a escola que me abriu mundos, pois saí da bolha da favela, convivi com várias pessoas brancas, com pessoas de outras classes sociais, comi na Pizza Hut, fui a casas bonitas de colegas, andei em bairros arborizados pela primeira vez como o corredor da Vitória, conheci o movimento negro, me descobri negra, compunha todas as manifestações de rua convocadas pelo PSTU na praça vermelha, fui integrante da revolta do buzú em Salvador, conheci os/as amigos/as mais lindos do mundo (Laís, Olívia, Ulisses, Ariel, Ualasi, Tassia, Thamires, Renan, Eric, amo vocês) e descobri que eu era mais do que diziam (que nós éramos mais) e que eu amava química e matemática, apesar dos vários "7 × 1" nas provas.

Saí do Ensino Médio em 2005 e tentei o vestibular para nutrição. Passei na primeira fase e perdi na segunda fase da seleção da UFBA. Na realidade, anos depois descobri que fui convocada na terceira chamada, mas diferentemente das estruturadas famílias brancas de classe média que acompanham todas as fases da prova, entram com recursos e às vezes com processos no Ministério Público Federal, eu não tinha nenhum conhecimento holístico das etapas de ingresso na educação superior. Logo, assimilei a derrota e passei um ano estudando para um novo vestibular em 2006. Dei aulas particulares de química, física e matemática naquele ano e ali percebi que queria na verdade ser professora ou de Química ou de Matemática. Na semana da inscrição no vestibular eu optei por Química por entender que havia mais possibilidades de trabalho.

Passei no vestibular da Universidade Estadual da Bahia (UNEB) em terceiro lugar e no da UFBA em oitavo lugar. Ingressei no curso de Química da UFBA no primeiro semestre de 2007. Na segunda semana de aula era obrigatória usar (Nome por Extenso) EPIs nas aulas de laboratório. Eu não tinha dinheiro para comprar e a universidade não disponibilizava para empréstimo. Felizmente, minha vida sempre cruzou a história de pessoas que contribuíram com o meu progressivo caminhar. Um amigo de turma me doou o jaleco, outra me doou os óculos de laboratório, eu comprei uma calculadora 'Cátio' de 10 reais na avenida sete, enquanto meus amigos da turma mostravam suas calculadoras Cássio originais (custavam em média R$80,00). Meu pai[2] me deu um sapato fechado (por incrível que pareça eu não tinha), etc. Recebi também outras ajudas ao longo da graduação. Muitos colegas me emprestavam dinheiro de transporte, livros, etc. Mesmo assim, nem sempre era suficiente. Já andei pela faculdade procurando 25 centavos pelo chão para inteirar o transporte; voltando da faculdade já peguei muitos ônibus na traseira até o bairro do Largo do Tanque e subi a ladeira do Alto do Peru a pé até a Fazenda Grande do Retiro; e já chorei copiosamente em sala

[2]Painho foi um homem negro nascido na Ilha de Itaparica chamado Roque Nery Pinheiro (1932-2017). Teve muitos filhos e foi o grande amor da minha vida. Nunca morou conosco, pois ele tinha a sua família primeira. Nós éramos a segunda família. Ele sempre ia na nossa casa, ajudava financeiramente, às vezes emocionalmente, jantava assistindo o Jornal Nacional e ia embora para a casa da sua esposa. Quando a velhice foi chegando ele passou a nos visitar apenas no sábado à tarde. Depois da morte de sua companheira, eu e meus irmãos passamos a ir até sua casa vê-lo sempre até o seu falecimento. Não vi meu pai morrer, estava em um Congresso em Cuba na ocasião, quando soube ele já tinha sido enterrado há dois dias. Vivemos poucos momentos, mas guardados com muito carinho no meu coração. Ele está na foto que apresento a minha avó, um homem feliz e sorridente.

de aula durante uma prova de Química Inorgânica Básica, quando uma professora perguntou se eu chorava porque não tinha estudado e eu respondi, "não, choro porque não tenho dinheiro para voltar para casa e não aguento mais andar nessa vida". A professora se emocionou e me ajudou com o dinheiro de transporte durante todo o terceiro semestre. Ela também me ensinou a fazer o meu Currículo Lattes e me ajudou a conseguir uma bolsa de iniciação científica no semestre seguinte, e fui bolsista nos anos consecutivos do governo do Partido dos Trabalhadores (PT) até o doutorado. Professora Zenis Novaes da Rocha, obrigada!

Minha turma de Química, mesmo depois de dois anos de política de cotas na UFBA, era majoritariamente branca e de classe média. Lembro de um desajuste, de uma sensação de desconforto constante, e recordo de ser falastrona na favela e sentar no fundo e falar nada ou quase nada nas aulas na universidade, de ouvir os colegas contando sobre o filme que assistiu no final de semana e eu ficar no meio sorrindo com cara de boba, pois nunca tinha ido ao cinema (fui a primeira vez com 20 anos). Lembro ainda do professor reconhecendo a minha imensa dificuldade com Excel no primeiro semestre em que eu tinha enorme dificuldade com a construção dos gráficos de reações de segunda ordem nos experimentos de cinética química (era a segunda vez na vida que usava um computador) e o professor me envergonhou publicamente ao me apresentar ao aparelho, dizendo "Bárbara, computador. Computador, Bárbara" e os/as colegas riram de mim. Definitivamente eu não cursava o mesmo curso que meus/minhas colegas. Lembro de uma reunião no instituto de física para escrevermos o relatório de Física Experimental III que, enquanto meus colegas podiam se dar "o luxo" de perderem os cabelos de preocupação com a escrita, isto é, se preocuparem, porque minha mãe me falava que o gás tinha acabado, e na minha cabeça eu tinha que dar um jeito. Eram outras preocupações e minha prioridade era a sobrevivência.

Obviamente que houve muitos sorrisos na graduação. Conheci pessoas importantes que me acompanham até hoje na minha vida, mas pouco falo sobre elas das memórias da faculdade, pois falamos da vida presente porque daquele período minhas maiores memórias são de dor: da segunda-feira pós-páscoa que todo mundo levava os pedaços remanescentes do seu chocolate eu me recordo que eu nunca tinha ganhado um ovo de páscoa na vida; dos experimentos de titulação, em que a turma toda tinha comprado o pipetador para a sucção da solução na pipeta, eu usava a pera do laboratório; das piadas com a minha origem; das minhas próprias piadas racistas comigo mesma para me sentir aceita e engraçada; do meu sorriso amarelo; das minhas roupas que eu sabia que eram feias; da minha vontade de ficar na universidade de boa vivendo aquele padrão de juventude, mas tendo que ir dar aula particular ou monitoria até a noite; do meu desejo imenso de ir no final do ano para a casa de praia da amiga na linha verde como a minha única possibilidade de tomar um banho de piscina e como a minha única possibilidade de viagem que, de fato, era para mim uma viagem, mesmo sendo a apenas 50 quilômetros de distância da minha casa. Houve sim dificuldades com as disciplinas, principalmente de química, mas elas passavam longe de serem mais difíceis que os problemas da minha vida real.

Aos poucos aprendia que precisava viver da força, igual à minha mãe. As pessoas esperavam de mim, como esperam até hoje, que eu desse conta, que não reclamasse, que me orgulhasse da minha luta, de andar quilômetros para ir à escola etc. Eu não queria passar por nada daquilo e trocaria tudo aquilo por uma vida tranquila, com comida na mesa garantida, com viagens reais nas férias e com o cuidado reservado à dita fragilidade feminina, pois como diz a filósofa brasileira Sueli Carneiro:

> Quando falamos do mito da fragilidade feminina, que justificou historicamente a proteção paternalista dos homens sobre as mulheres, de que mulheres estamos falando? Nós, mulheres negras, fazemos parte de um contingente de mulheres, provavelmente majoritário, que nunca reconheceram em si mesmas esse mito, porque nunca fomos tratadas como frágeis. Fazemos parte de um contingente de mulheres que trabalharam durante séculos como escravas nas lavouras ou nas ruas, como vendedoras, quituteiras, prostitutas... Mulheres que não entenderam nada quando as feministas disseram que as mulheres deveriam ganhar as ruas

> e trabalhar! Fazemos parte de um contingente de mulheres com identidade de objeto. Ontem, a serviço de frágeis sinhazinhas e de senhores de engenho tarados. (CARNEIRO, 2011, p. 2)

Talvez, como afirmou a militante ex-escravizada Sojouner Truth, nem me vejam como mulher. Não tive condições nem tempo de ser frágil. Concluí a graduação em quatro anos. Ainda sem computador em casa, andava para cima e para baixo com um *pendrive* que usava para escrever gradativamente o meu Trabalho de Conclusão de Curso (TCC). Passava o dia todo pensando no que escreveria e, sempre que tinha tempo no meu trabalho como monitora de química de uma faculdade privada, e sempre que chegava na casa de uma pessoa e que via um computador, pedia para usá-lo por meia hora e escrevia mais algumas linhas. Assim, escrevi e defendi meu TCC orientado pela querida professora Dra. Maria da Conceição Marinho Oki, que foi aprovado com nota 10, e também escrevi assim meu projeto de mestrado. Entrei para o mestrado em 2011.1 no programa de Pós Graduação em Ensino, Filosofia e História das Ciências (UFBA/UEFS), sob orientação do professor Edilson Moradillo, que se tornou um grande amigo e, ao saber da minha dificuldade, me emprestou o notebook com o qual escrevi minha dissertação, o que me ajudou a defender meu mestrado sobre o ensino de Química Orgânica a partir da temática dos alimentos e com base na Pedagogia Histórico-Crítica (PHC) em um ano e meio. Progredi para o doutorado em 2012.2 fazendo uma seleção interna no programa a qual solicitava excelentes notas na disciplina do mestrado, bem como ter defendido o mestrado em um ano e meio e ter um projeto de doutorado bem redigido e consistente.

Fiz o doutorado também sob a orientação do professor Edilson, que foi também uma grande referência intelectual ao longo da graduação em química, sobretudo na temática da formação inicial de professores de química sobre a investigação da apropriação da PHC nas aulas de Estágio em Química III e IV. Defendi o doutorado em 2014.2, tendo feito em dois anos e meio. Exatamente! A filha da ex empregada doméstica, bisneta de mulher escravizada, foi doutora aos vinte sete anos. Porém, eu não fazia noção da minha potênciae seguia sendo a negra que se colocava pouco nos espaços acadêmicos, que não queria "cagar nem na entrada nem na saída", que não queria ser notada. A universidade continuava sendo um local de desajuste. Trago comigo as palavras da filósofa brasileira Djamila Ribeiro (2018), ao afirmar que, por mais que uma pessoa negra tirasse notas boas, fosse saudável e inteligente, há sempre uma sensação de inadequação que sempre nos persegue. Em 2016 retorno à graduação na condição de estudante de Filosofia na UFBA e sigo no curso até o presente momento.

Nesse meu caminhar acadêmico, obviamente, eu trabalhava paralelamente: dei aulas particulares, fui monitora em faculdade, dei aula em escola particular, em faculdade particular, passei em 2011 no concurso do estado da Bahia para professora de Química em terceiro lugar e exerci a função na seleção de professores substitutos da UFBA em 2011, quando fui aprovada em segundo lugar no concurso público para professora efetiva da Universidade Estadual de Feira de Santana (UEFS) em 2012 e, em 2013, fui aprovada em primeiro lugar para o cargo de professora no concurso de professor efetivo do Instituto de Química da UFBA. Ingressei no mesmo ano como professora do IQUFBA.

Saí do Colégio Modelo Luís Eduardo Magalhães onde fui professora e fiz grandes amizades, tanto com colegas quanto estudantes e, quando entrei na UFBA, efetivamente como docente, quase surtei. Ingressei e fui lecionar para turmas de Engenharia Química. Não era mais aquele meu alunado negro, favelado, que falava a minha língua, que me dava sentido de ser e estar naquele espaço lutando por suas emancipações, que me encontrava nos shows de pagode e dançava comigo e a gente se via de manhã cedo na aula; fui dar aulas de Química Geral e lidei com um público bem diferente, que, inicialmente me testava o tempo todo. Aos poucos eu fui ganhando o respeito e conquistando a confiança e a admiração. Dei aula de Química Geral para todas as engenharias, para os cursos de biologia, biotecnologia, física, geologia, licenciatura em ciências naturais. Já para o curso de Química, ministrei as disciplinas: História da Química, O professor e o Ensino de Química, História e Epistemologia no Ensino de Química. Conheci pessoas incríveis e, caminhando mais para as licenciaturas, principalmente noturnas, reconheci muitas histórias cruzadas, pessoas com vidas muito parecidas com as minhas. Entrei em 2016 no corpo de docentes permanentes no Programa de Pós-Graduação em Ensino, Filosofia e História das Ciências, no qual criei a disciplina "Descolonização de Saberes: a contribuição da ciência dos povos africanos e afrodiaspóricos". Já orientei mais de quarenta trabalhos de conclusão de curso de graduação e cerca de dez dissertações de mestrado. Publiquei muitos artigos, livros, capítulos de livros, ministrei cursos e palestras e aos poucos fui encontrando nacionalmente grupos e pessoas de resistência dentro das ciências naturais que me acolheram e me inspiraram a seguir em frente.Os queridos amigos Roberto Dalmo, José Euzébio e muitas outras pessoas companheiras integrantes dos Conteúdos Cordiais, da Rede Internacional de Estudos Decoloniais na Educação Científica e Tecnológica (RIEDECT) e da Associação Brasileira de Pesquisadores/as negros/as (ABPN).

Ocupei alguns cargos na universidade: fui representante do Instituto de Química em alguns Colegiados, principalmente no curso de Engenharia Elétrica, onde fui representante no Conselho Acadêmico de Ensino, no CONSEPE, coordenadora do Programa Institucional de Bolsas de Iniciação à Docência (PIBID) de 2015 a 2018 e atualmente sou coordenadora do Grupo de Extensão Show da Química desde 2013, Líder do Grupo de Pesquisa Diversidade e Criticidade nas Ciências Naturais (DICCINA), fundado por mim, sou também Vice-diretora do IQUFBA ao lado do querido companheiro Dirceu Martins no quadriênio que terá início no segundo semestre de 2018.

Sempre fiz uma pesquisa articulada com minha militância. A história dos meus movimentos dentro da minha militância acompanha minha movimentação epistemológica também. Coletivo novo tempo, Coletivo Dandara, Coletivo Luiza Bairros, Programa de Direito e Relações Étnico-Raciais foram e são espaços importantes para a minha constituição dentro de uma luta antirracista e classista dentro e fora da academia.

Inicialmente a minha vertente marxista conduzia as minhas ações e minhas pesquisas dentro da universidade. Após ser interpelada diretamente pelo racismo institucional, não que não tivesse sido antes (só não percebia)[3], em

[3]É racismo institucional não ter pessoas negras nos espaços de poder da universidade (reitorias, pró-reitorias, direções de institutos e sindicatos, colegiados, na própria docência, etc), Eu, por exemplo, só tive o professor Sérgio Ferreira como professor negro durante a graduação, o mestrado e o doutorado. Também é racismo institucional não propor a leitura de autores e autoras negros/as nas disciplinas, dentre outros exemplos que poderia trazer aqui. São os diques de contenção os quais somos submetidas, como muito bem diz a professora Dra. Denise Carrascosa. Somos lançadas para esse não lugar, para essa completa ausência de representatividade e intelectualidade. É uma grande, mas ao mesmo tempo sutil, violência subjetiva. Há quem diga até que não há racismo algum nesses exemplos, mas que são as

um caso em que estudantes negros seriam expulsos de um programa de bolsas por razões pouco sustentáveis no ano de 2015, fui direcionada pelos ventos da vida para outros caminhos de reflexão e de compreensão da minha existência. No incidente, inicialmente, eu fui a única pessoa dentro de um conjunto de pessoas de esquerda, todas brancas, que foi contra aquela exclusão. Foi o divisor de águas na minha trajetória epistemológica. Ali eu entendi que os meus estudos mais gerais acerca unicamente das classes sociais não davam conta das complexidades internas a estas, que, mesmo lutando aparentemente pelas mesmas causas, pessoas brancas têm cosmovisões diferentes de pessoas negras, noções de mundo advindas de suas experienciais pessoais e coletivas do seu povo (o mesmo para pessoas trans, gays, mulheres, todos são alterizados negativamente e vêem o mundo com outros olhos). Entendi que é possível construir a luta com pessoas brancas aliadas, mas que ninguém lutará e falará por nós senão nós mesmos/mesmas.

A partir desta vivência, retorno ao movimento negro para pedir ajuda jurídica para os jovens e por lá fico até hoje, repensando e visibilizando a história do meu povo, nossas produções científico-tecnológicas. Crio a linha de pesquisa Diversidade nas Ciências Naturais junto com a criação do Grupo de Pesquisa Diversidade e Criticidade

---

próprias condições socioeconômicas que naturalmente nos lançaram nesse abismo existencial.

nas Ciências Naturais (DICCINA) e passo a integrar intelectualmente uma luta de mulheres negras em diáspora que movem o mundo, pois, quando uma mulher negra se move, toda a estrutura da sociedade se movimenta com ela (DAVIS, 2017). Hoje me defino pesquisadora crítico-decolonial, feminista antirracista, nordestina, pagodeira, bissexual, mulher cis negra, mãe, mas também não me defino, me abro num movimento constante de construir-se ou talvez de ser construída.

Sou uma baiana, soteropolitana,que recebi das deusas o maior presente de minha vida, sendo ele a minha naninha, a minha ianinha, que chegou para nós (para mim, para o seu pai Ian Cavalcante, para as nossas famílias, amigos/as) em 25 de maio de 2018 (dia nacional da adoção) com dezoito dias de nascida. Foi um processo inicialmente mono parental no qual eu, que queria ser mãe (pois ninguém é obrigada), me cadastrei na 1° Vara da Infância e da Juventude em 2015. Eu desejava ser mãe pela via da adoção, visto que fui atravessada por históricos de adoção na minha família: minha irmã Cristiane, meu sobrinho lindo Luan, minha sobrinha Isadora (amo vocês!). Depois da chegada de Ianinha, seu pai, que a gestou no coração junto comigo, foi inserido no processo jurídico.

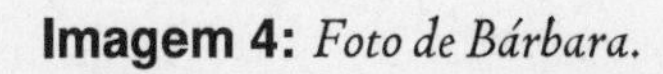

Imagem 4: *Foto de Bárbara.*

Fonte: arquivos da família.

A voz de minha filha
recolhe todas as nossas vozes
recolhe em si
as vozes mudas caladas
engasgadas nas gargantas.
A voz de minha filha
recolhe em si
a fala e o ato.
(Conceição Evaristo)

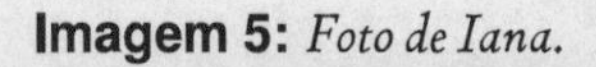

Imagem 5: *Foto de Iana.*

Fonte: arquivos da família.

Iana Pinheiro Andrade, minha naninha, nasceu em 07 de maio de 2018. Chegou em nossas vidas poucos dias depois. É uma criança engraçada, linda, sorridente, muito inteligente, birrenta, expressiva e argumentativa (mesmo só falando poucas palavras). A chegada dela muda as minhas prioridades, muda a minha vida, muda a minha temporalidade, traz leveza, emoção e sensibilidade, ressignifica a minha existência. Passamos a pensar o mundo para ela e por ela. Idealizamos a Escola Afro-Brasileira Maria Felipa (junto com Ianinha, a "menina dos meus olhos" hoje) com o intuito de proporcionar para a nossa filha uma infância protegida das opressões de um mundo elitista, racista, sexista, transfóbico, LGBTfóbico, que é, em síntese, opressor. Trata-se de um mundo que odeia o outro e que, por odiá-lo, o aniquila. Essa é a nossa revolução chamada Iana, do Iorubá 'Flor bela', uma criança amada com toda a força dos nossos corações e que carrega no olhar a força da minha mãe, a doçura da minha avó e a resistência da minha bisavó. Somos síntese em Iana. Ela é a continuidade da história, uma história que não retrocederá. Oxalá que lhe abençoe sempre, minha filha!

Tenho consciência que nessas poucas palavras deixei de fora uma série de pessoas que fizeram/fazem parte da minha construção humana de um modo crucial. Desde já perdoem-me. Saliento também que o texto é inconclusivo porque é um texto da vida e, como diz a maior poeta desse país "a vida é como um livro, a gente só sabe o final quando se encerra" (JESUS, 1997). Além disso, a vida dos que vivem de ideais e de ideias não tem fim, pois ideias são imortais. Pessoas negras historicamente têm desafiado as leis da morte no Brasil: nascem com a arma do Estado apontadas para a sua cabeça, às vezes morrem bem antes da bala chegar, e muitas vezes a bala chega, mas é muito tarde porque elas já são imortais como Marielle, Cláudia, Dandara, Zeferina, Maria Felipa, Luiza Mahin, Acotirene, Beatriz Nascimento, Lélia Gonzalez, Luiza Bairros, Carolina Maria de Jesus, Mãe Stela de Oxossi,Vicença, Djanira... Obrigada pelas suas lutas, pois elas tornaram possível não só a minha história como a minha existência. Adupé!

História das Ciências e Descolonização de Saberes

Historicamente, o nascimento da ciência tem sido reconhecido como um fenômeno que surgiu no continente europeu, no apogeu da modernidade, tendo sido negados todos os saberes produzidos por povos ancestrais não europeus, mas que foram fundamentais para a estruturação do conhecimento greco-romano. Neste sentido, as representações de cientistas reproduzidas em manuais de ciências em geral são a de homens cisgêneros, heterossexuais e brancos. Em outros termos, sendo a ciência um espaço de poder, a representação de seu desenvolvimento foi associada à imagem de sujeitos sociais aceitos e hegemônicos. Assim sendo, todos que estavam fora desses padrões, mas que buscavam se vincular ao processo de desenvolvimento do conhecimento científico, eram rechaçados, inferiorizados e silenciados (PINHEIRO; ROSA, 2018).

Não existem relatos de que os europeus enviassem engenheiros/as e técnicos/as altamente especializados/as para atuarem no bom funcionamento de engenhos, ou mesmo para improvisar desvios em túneis em minas, ou ainda em qualquer outro ambiente de trabalho executado por pessoas negras (SILVA, 2013). Segundo Cunha-Junior (2010), foram esses seres humanos escravizados que tiveram que "engenhar", consertar pequenos detalhes de engenhos quebrados, resolver como desviar um túnel de uma mina caso uma pedra estivesse no caminho, pensar em pequenos e importantes detalhes na colheita da cana e do café, e, assim, aumentar a riqueza da nação escravocrata, o que, por consequência, diminuía a dor dos açoites. Em outras palavras, durante séculos nesse país, pessoas negras foram as principais cientistas e técnicas porque conseguiram manter um modo de produção, cujos detalhes técnicos eram por eles pensados e executados. A sociedade brasileira herdou a riqueza oriunda da ação técnica e científica de pessoas negras escravizadas.

Isto porque o conhecimento tecnológico estava presente em diversos ambientes culturais e sociais da África antiga e esses povos, que foram sequestrados e escravizados, lançaram mão dos seus saberes ancestrais para sobreviverem nessas terras (SILVA, 2013).

Os conhecimentos médico, químico, farmacológico, arquitetônico, artístico, culinário, sanitário, astronômico, matemático (os cálculos matemáticos, que inclusive propiciaram a construção de pirâmides) eram, em graus diferenciados, parte deste continente. A medicina egípcia, por exemplo, produzia conhecimento a partir dos experimentos e estudos voltados para o interior do organismo humano, elaborados em função da prática da mumificação, do embalsamento dos corpos dos faraós e de pessoas influentes daquela sociedade (NASCIMENTO, 1996). No processo de embalsamento dos corpos, o corpo era fissurado e órgão por órgão era embalsamado. Depois os órgãos eram devolvidos aos corpos em suas respectivas partes e eram costurados, embalsamados por fora, enfaixados e recolhidos no sarcófago. Esse procedimento reservou aos povos africanos um conhecimento interno do corpo, ou seja, um conhecimento fisiológico. Muito anterior ao avanço moderno da medicina europeia, a medicina egípcia já abria corpos e conhecia os órgãos, algo que só ocorreu na Europa com o rompimento em relação à racionalidade cristã medieval, que previa uma vinculação entre corpo e alma.

O conhecimento médico não esteve situado apenas no norte africano. Na região que hoje compreende Uganda, país da África Central, encontramos o saber antigo dos Banyoro que já faziam a cirurgia de cesariana antes do ano do século XIX quando um cirurgião inglês conheceu e aperfeiçoou essa técnica (MACHADO; LORAS, 2017). O conhecimento médico, cirúrgico, antigo e tradicional na África também operavam os olhos removendo as cataratas. Essa técnica foi encontrada no Mali e no Egito. Mais especificamente, há cerca de 4.600 anos, já se fazia a cirurgia para a retirada dos tumores cerebrais no Egito e, recentemente, foram encontradas estruturas ósseas nas escavações das pirâmides de Gizé, que revelaram possíveis cirurgias cranianas e ortopédicas em trabalhadores das pirâmides. Os Banyoro também detinham há séculos o conhecimento acerca da vacinação e da farmacologia. Logo, as técnicas médicas e terapêuticas africanas não estavam voltadas, somente, para o mundo místico, pois eles tinham conhecimentos científicos para a observação atenta do paciente (NASCIMENTO, 1996).

Se levarmos em consideração que a humanidade surgiu na África e, com ela, as primeiras civilizações, é extremamente plausível se pensar que foram esses primeiros humanos aqueles que desenvolveram formas de produção e reprodução de conhecimento. Deu-se na África, por exemplo, o desenvolvimento da cerâmica, a tinturaria a partir da manipulação de óxidos metálicos, a produção de bebidas alcoólicas (SILVA; PINHEIRO, 2018), a química de conservação da matéria por meio dos processos de mumificação, a fundição de metais e produção de ligas a partir do desenvolvimento de altos fornos (FLUZIN, 2004), a primeira revolução tecnológica da humanidade, a passagem de caçador e coletor de frutos e raízes para a agricultura e pecuária. A agricultura africana, no vale do rio Nilo, tem cerca de dezoito mil anos, sendo duas vezes mais antiga do que a do sudoeste asiático (CUNHA JUNIOR, 2010). A pecuária apareceu há quinze mil anos, perto da atual Nairobi (Quênia), sendo uma técnica sofisticada de domesticação de animais que deve ter se espalhado para os vales dos rios Tigre e Eufrates séculos depois. Populações africanas presentes nos limites do deserto do Saara e do Sudão legaram a escrita para a humanidade. Os sistemas de escrita dos Akan e dos Manding originaram a escrita egípcia e meroítica, sendo que esta última baseou o nosso formato de escrita (MACHADO; LORAS, 2017).

Foram os povos africanos os primeiros a chegar nas Américas. O fóssil humano mais antigo encontrado no Brasil tem cerca de 11.300 anos, foi encontrado no estado de Minas Gerais e está exposto no Museu Nacional, que, mesmo depois do incêndio criminoso ocorrido em 2018, conseguiu resgatar o crânio de Luzia, uma mulher com traços negroides que esteve nessas terras há mais de onze milênios, muito antes de Cristovão Colombo e Pedro Alvares Cabral, o que indica uma expansão marítima africana largamente anterior à expansão marítima europeia. Os povos africanos eram grandes navegadores, conhecedores das tecnologias de produção de embarcações, realizaram um processo diaspórico muito anterior à forçada diáspora escravagista na modernidade europeia. Eram povos que se conviveram com outros povos ao redor do mundo e não mataram nem expropriaram terras, pois não fazia parte da cosmovisão deles e delas.

Aprendemos nos espaços de formação pedagógica e acadêmica que a Filosofia surge na Grécia com Thales de Mileto (624 -546 a.C), que a Matemática surge na Grécia com o já citado Thales, bem como com Pitágoras (570 - 495 a.C) e Euclides (300aC -), que a Literatura e as Artes surgem na Grécia com as tragédias gregas vinculadas às obras de Hesiodo (750 - 650 a.C) e Homero (850 a.C-), que a História surge na Grécia com Heródoto (485 - 425 a.C.), que a Medicina surge na Grécia com Hipócrates (460 - 370a.C), que a Geografia surge na Grécia com Eratóstenes de Cirene (276 - 194 a.C), que a Biologia surge na Grécia com a classificação dos seres vivos proposta por Aristóteles (384 - 322 a.C.), que o Direito surge na Grécia com a República de Platão (428 - 348 a.C.), que a Química surge na Grécia com a tensão entre os continuistas Heráclito (540 a.C. - 470), Anaximandro (610 - 546 a.C), Anaximenes (588-524), Thales de Mileto, Empédocles (490 a.C. - 430 a.C.), dentre outros, em contraposição à perspectiva dos descontinuistas defensores da hipótese atômica de Leucipo (- 370 a.C.), Demócrito (460 - 370 a.C) e Epicuro (341- 270 a.C.) etc. Eu poderia ir adiante expondo vários outros exemplos de gênese epistêmica grega, mas o importante dessa exaustiva exposição é problematizarmos por que em um planeta tão grande e diverso, com várias civilizações anteriores à Grécia, tudo ficou tão estático, apático e sem vida, esperando a Grécia surgir e trazer luz ao mundo?

Além da civilização grega, podemos destacar na antiguidade a existência de vários outros grandes povos, como os fenícios, sumérios, os chineses, os maias, os astecas, os incas, os romanos, os egípcios, entre outros. No caso específico do continente africano que, no referido período, não era um continente e não se tinha essa noção atual de um todo homogêneo, existiram muitos outros impérios além de Kemet (como os/as africanos/as chamavam o antigo Egito), como, por exemplo, Axum, Meroé, Núbia, Numídia, a Terra de Punt, o Império de Kush, o Império Ashanti e o Império de Gana, Daomé, dentre outros. Vale destacar que Kemet, ao contrário do que muitos pensam, não fica na Europa, mas trata-se de uma civilização africana e negra (DIOP, 1983).

Uma breve leitura da história nos mostra que o Antigo Egito (3200 a.C – 332 d.C) tem origem bem anterior à da Grécia antiga (1200 a.C - 529 d.C) e que a própria humanidade surge no continente africano[4]. Como imaginar que esses povos se mantiveram improdutivos material e intelectualmente por milênios e que só merecem um capítulo na história da humanidade a partir do episódio macabro da diáspora africana, traduzido por nós como a desumanização, o genocídio e o sequestro humano (de seus corpos e de suas memórias)?

Infelizmente, é muito comum em nosso país jovens em geral terem acesso à história da população africana no mundo apenas a partir do tráfico de seres humanos escravi-

---

[4]A Arqueologia e a Paleontologia nos apontam que o fóssil humano mais antigo encontrado na terra possui cerca de 300 mil anos e foi achado em escavações realizadas no leste do continente africano, atual Marrocos.

zados (MUNANGA; GOMES, 2006), comumente chamados de "escravos", um termo profundamente equivocado, pois remete a uma vinculação ontológica, a uma condição de existência. No entanto, pessoas não nascem escravas, elas são escravizadas.

Muito frequentemente, o primeiro contato que estudantes têm nas escolas com um corpo negro é em um navio tumbeiro, ou negreiro como comumente o chamam. Esse é o traço fundamental constitutivo da nossa identidade ancestral. Aprendemos na escola que viemos de "escravos". Obviamente que alguém que vem de "escravos" não se sente privilegiado em sua origem e constrói uma relação psíquica causal e direta que justifica seu atual rebaixamento social, e sua não detenção de bens materiais e imateriais é justificada pela sua relação com sua origem. Entretanto, pessoas negras não surgiram no mundo com a escravidão, ao contrário do que nos foi ensinado nas escolas.

É preciso educar a juventude mostrando narrativas diversas e decoloniais dos diferentes marcos civilizatórios que nos constituíram. Basta de uma narrativa histórica eurocêntrica que reduz a existência ancestral de outros povos ao abismo do esquecimento e coloca a Europa no topo do progresso e das civilizações. Como é possível estudarmos ainda hoje nas escolas uma história do Brasil na qual o marco fundacional é a chegada de europeus? Como é possível estudarmos uma história geral marcada por transições temporais pautadas na alteração dos modos de produção em países do referido continente? Na história dita antiga, marcada pelo modo de produção escravista, o que acontecia nas Américas? O escravismo era a prática econômica norteadora dos nossos povos originários? Onde ocorreu o sistema feudal nas Américas? A comparação entre a modernidade europeia e branca com a nossa realidade é problemática justamente porque, na ascensão do feudalismo para o capitalismo, vivemos a prática escravagista e não encontramos trabalho assalariado, mais valia nas nossas vivências[5]. Que história geral é essa que não nos cabe em sua universalidade?

A racionalidade europeia efetivou a leitura oficial da história da humanidade levando em conta somente a experiência daquele continente e universalizando reflexões alheias às múltiplas possibilidades do conhecer (QUIJANO, 2005). A história tem uma direção, um sentido único em direção ao progresso, à modernização. Tudo que é assimétrico em relação a esse avanço e desenvolvimento é entendido como atrasado, subdesenvolvido, primitivo. Segundo Adichie (2018) e Dussel (1993), essa universalização da história é um dos vários mitos da modernidade, e faz-se necessário desconstruirmos tais perspectivas visando

[5]Vale ressaltar que não há desconexão do escravagismo nas Américas com o sistema capitalista, é justamente a escravidão e a expropriação das terras americanas que vai ocasionar a sangrenta acumulação. primitiva do capital europeu. As grandes fortunas mundiais têm muito sangue na sua história e a categoria de raça foi basilar para o sistema classista o qual vivemos.

não só o cumprimento da Lei de Diretrizes e Bases da Educação Nacional, assim como das legislações específicas, a exemplo das leis 10.639/2003 e 11645/2008, mas fundamentalmente resgatar narrativas, produções intelectuais e referências positivas ancestrais.

Abdias Nascimento, em *O Genocídio do Negro Brasileiro* (2016), é certeiro ao apontar para o branqueamento cultural como uma das dimensões do genocídio da população negra no Brasil. Já na década de 70 do século passado, no contexto da ditadura militar, Nascimento (2016) atrelava ao extermínio físico da população negra o embranquecimento cultural, o genocídio cultural e epistêmico, como a face oculta desse processo letal. Neste ponto, Abdias reconhece brilhantemente a estreita e íntima relação entre a modernidade capitalista e a racionalidade do extermínio colonialista dos povos subalternizados.

Uma comunidade que não somente recorreu a estratégias de genocídio epistêmico (NASCIMENTO, 2016) ou epistemicídio (SANTOS, 2010), mas que principalmente sequestrou conhecimentos de povos africanos, ameríndios, asiáticos, incorporando-os no seu escopo cultural imaterial ocidental. Para Aimé Césaire na obra *Discurso sobre o Colonialismo*, o ato de colonizar não é nem evangelização, nem extensão de Direito. Césaire deixa evidente que a colonização é necessariamente um ato de pilhagem (CÉSAIRE, 2006). Uma pilhagem epistêmica (FREITAS, 2016). É unicamente a partir do entendimento de que o processo colonial é um saque, um sequestro, e não apenas um apagamento, que podemos iniciar um processo de resgate histórico dos sujeitos que foram silenciados nesse caminho. O fato de ser a pilhagem o roubo, a base na qual deitam todas as pretensas justificativas da necessidade da colonização é o argumento essencial para o desenvolvimento da ideia de que precisamos resgatar os conhecimentos que são nossos, as produções ancestrais do nosso povo.

A noção de decolonialidade parte da premissa da negação da colonialidade. O pressuposto aqui defendido é que deixamos de ser colônia de Portugal em 1822, mas os padrões de colonialidade permanecem fortes em nossa vida cotidiana até os dias de hoje. A colonialidade é conceituada por Aníbal Quijano como o padrão de poder criado pelo "colonizador"[6] para controlar a subjetividade dos "povos colonizados" (QUIJANO, 2010).

A grande socióloga brasileira Lélia Gonzalez busca analisar a influência da relação entre colonizado e colonizador na construção subjetiva de mulheres negras. Ela afirma que "*o colonizado é aquele que não é sujeito do próprio discurso, na medida em que é falado pelos outros.*" (GONZALEZ, 1988, p.134) Da mesma forma, mulheres, negros e negras e indígenas são falados e definidos a partir de um sistema

[6]Essa perspectiva de colonizador e colonizado segue a narrativa do dominante, talvez povos africanos não chamassem os europeus de colonizador, talvez de assassinos, de sequestradores, dentre outros.

ideológico específico. Esse lugar definido a partir desse sistema de hierarquias nega o direito desses sujeitos não só de falarem por si próprios, mas também de serem sujeitos de sua própria história. Gonzalez destaca que "*exatamente por termos sido falados, infantilizados (...) que assumimos a nossa própria fala*" (GONZALEZ, 1983, p. 225).

Junto com o importante conceito de infantilização da negritude trazido pela referida socióloga, que remete a uma tutela permanente da luta histórica de pessoas negras por pessoas brancas. Outro grande conceito que emerge do seu pensamento decolonial é a categoria "amefricanidade". Lélia Gonzalez questionava a latinidade das Américas por reconhecer a influência de elementos africanos e ameríndios na construção cultural da região. Dessa forma, a latinidade seria uma ferramenta eurocêntrica para apagar as influências africanas e ameríndias nas construções das Américas (GONZALEZ, 1988). Desse modo, ela propõe uma reinterpretação das experiências de negros e negras no continente americano. Segundo Lélia Gonzalez, a categoria, para além da questão geográfica, "incorpora um processo histórico de intensa dinâmica cultural de adaptação, resistência, reinterpretação e criação de novas formas, que é afrocentrado". A Améfrica, segundo Lélia, é uma criação nossa e de nossos antepassados no continente em que vivemos, inspirados em modelos africanos" (GONZALEZ, 1988, p.77). Fomos historicamente, socialmente e intelectualmente constituídos por povos africanos desde antes da escravidão negra nas Américas, e, por causa disso, somos um povo verdadeiramente "amefricano".

Aprendemos desde criança e passamos nossa vida inteira chamando a Europa de "o velho mundo" (mesmo sabendo que a humanidade surgiu na África). Quando viajamos para a Europa, dizemos que vamos ao berço das civilizações (mesmo sabendo que no mundo existem civilizações anteriores), propagamos a noção de que a universidade surge na Europa, em Bolonha (uma fácil busca no Google nos revela que a primeira universidade do mundo é a universidade de Al-Karaouine em Fes no Marrocos, Leste africano). Além disso, julgamos que europeus são mais avançados e civilizados a ponto de que nossos doutorados sanduíche e nossos pós-doutorados corriqueiramente precisam ser feitos na Europa, mesmo que seja uma temática profundamente endógena e com grandes centros de referência no Brasil. Por último, acreditamos que a Europa é o padrão de ciência e intelectualidade. Assim sendo, todo fenótipo fora do padrão europeu (a exemplo de pessoas negras e indígenas) é caracterizado como não desenvolvedor de ciência, mas de conhecimentos populares, de não intelectual, mas destinado a trabalhos braçais. Esses são alguns dos vários padrões de colonialidade que atualmente estão fortemente presentes em nossas vidas. Mas de onde vem essa forma de pensamento?

A colonialidade, que é articulada à construção do conceito de raça, se manifesta em três dimensões, a saber: a colonialidade do ser, do saber e do poder (QUIJANO, 2010; FANON, 1979).

A colonialidade do ser parte da modulação da existência dos indivíduos. A colonialidade do ser é a dimensão ontológica da colonialidade que se afirma na violência da negação do Outro (CARNEIRO, 2005). Decorrente do eurocentrismo moderno, eminentemente antropocêntrico, produtor de estereótipos e definidor de critérios de humanidade. Por sua cor e raízes ancestrais, os seres diferentes do padrão europeu ficam marcados pela inferiorização, subalternização, desumanização, pela não-existência, sendo tornadas invisíveis suas racionalidades e a dignidade de sua humanidade. Então, a colonialidade do ser se consolida através da violência ontológica projetada para destruir imaginários, identidades, sentidos, existências (MELO, 2019).

Para Fanon (2008), o negro é uma construção do branco. A branquitude europeia, em um dos variados mitos da modernidade, inventou a noção de raças, criando graus hierárquicos entre estas e, inclusive, retirando a humanidade desse Outro forjado no caldeirão colonial moderno. Criou-se não só a noção de raça negra como aquela atrasada, isenta de características humanas, sexualizada e animalizada, apagando toda a memória desses povos de grandes inventos e grandes impérios, sendo eles reduzidos a esse lugar, ou melhor, a esse não-lugar. A branquitude construiu seus padrões de superioridade, bem como inventou um padrão de subalternidade e subserviência negro, que até os dias de hoje marca nossas construções psíquicas acerca de quem somos, de onde viemos e do que podemos vir a ser. "Por mais dolorosa que possa ser esta constatação, somos obrigados a fazê-la: para o negro, há apenas um destino e ele é branco" (FANON, 2008. p. 28)

No âmbito da colonialidade do poder, Quijano (2010) nos aponta para as relações de poder construídas a partir do projeto da colonização europeia na América que articulou o colonialismo imperial e a ciência ocidental, através da ideia de raça como instrumento de classificação hierárquica e controle social. Na colonialidade do poder, a raça superior, constituída de homens brancos, cristãos, europeus, tem direito à dominação e as demais raças inferiores são subjugadas.

A colonialidade do saber, por sua vez, impõe o saber europeu como marco referencial de conhecimento verdadeiro e avançado frente a todos os outros tipos de conhecimento que são tomados como inferiores, desconsiderando, assim, a existência de outras racionalidades e formas de conhecer e interpretar o mundo. Dessa maneira, a ciência moderna tem a concessão do monopólio da distinção universal entre o verdadeiro e o falso. A ciência moderna, transformada em único conhecimento válido e, portanto, enquadrando tudo aquilo que está fora do limite do rigor científico como ignorante. Trata-se de um saber que se coloca como modelo, que tem suas bases no eurocentrismo como monopolizador da razão, que opera pela violência epistêmica que gera uma subalternização de saberes outros, calcados em lógicas distintas (MIGNOLO, 2008).

Haveria ainda, de acordo com Walsh (2008), uma colonialidade cosmogônica marcada pela separação entre indivíduos e natureza, o que remete a um afastamento da natureza e a desvinculação afetiva e existencial em relação a ela. Esta dicotomização propicia uma disponibilização da natureza para sua descontrolada e irracional exploração. Essa colonialidade cosmogônica é algo muito vinculado às construções dos padrões existenciais europeus, visto que outros povos, a exemplo de povos indígenas e africanos, sempre possuíram uma relação indissociável com a natureza, sentindo-se parte integrante desta, de modo que negligenciar a natureza e abrir mão do seu cuidado significa abandonar a si mesmos e mesmas.

Pensar estratégias de superação desses padrões de colonialidade faz-se profundamente necessário para nos reconciliarmos com nossas histórias, epistemologias e identidades. Trata-se de um contínuo processo de desconstruir-se para se permitir reconstruir a partir de novas relações afetivas consigo mesmo. Um processo de reconstrução pautado no deslocamento da negritude da condição de problema ou assunto, para a condição existencial, como uma população negra que existe e fala de si, uma escrevivência sim, mas o que o grande sociólogo brasileiro Guerreiro Ramos chamava em seu ensaio "Patologia social do branco brasileiro"(1955), da categoria negro-vida, distinguindo-a do negro-tema.

Segundo Ramos (1955), há o tema do negro e há a vida do negro. O negro-tema é uma coisa examinada, olhada, vista, ora como ser mumificado, ora como ser curioso, ou, de qualquer modo, como um risco, um traço da realidade nacional que chama a atenção. O negro-vida é, entretanto, algo que não se deixa imobilizar; é despistador, profético, multiforme, do qual, na verdade, não se pode dar versão definitiva, pois é hoje o que não era ontem e será amanhã o que não é hoje. Como vida ou realidade efetiva, o negro vem assumindo o seu destino, vem se fazendo a si próprio, segundo lhe têm permitido as condições particulares da sociedade brasileira (RAMOS, 1955).

No capítulo a seguir falaremos do negro vida, de vidas negras, de mulheres negras que se projetaram em não-lugares e fizeram/fazem história ocupando, resistindo e re-existindo nas carreiras científicas das ciências naturais e exatas.

Mulheres nas Ciências Biomédicas, nas Tecnologias e na Matemática

Merit Ptah (2700 a. C. - ?)

Fonte: Casual Couture.

Os impérios africanos trataram as mulheres muito melhor do que as conhecidas como as grandes civilizações do mundo antigo ocidental. Essa imagem acima é uma tentativa de retratar Merit Ptah, que foi a primeira mulher cientista que se tem notícia no mundo. Ela viveu em KEMET, antigo Egito, há cerca de 4700 anos. A sua existência está registrada no papiro de Éberes. É a primeira pessoa da área da medicina que se tem registro no mundo. O mundo grego tem como o "pai" da medicina o médico Hipócrates, que viveu milênios depois de Ptah, cerca de 463 a.C.. Segundo relatos históricos ela não era apenas médica, mas chefiava uma equipe de profissionais da área. O acesso das antigas egípcias ao conhecimento formal foi algo que só milênios depois seria comum em outras partes do mundo.

Rebeca Davis Lee Crumpler (1831 - 1922)

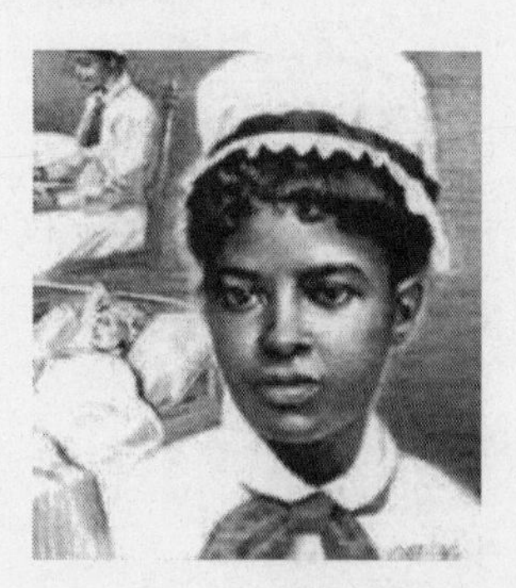

Fonte: Geo's Curiosidades.

Sabemos que a primeira médica do mundo foi uma mulher negra africana chamada Merit Ptah, que nasceu anos antes do médico Imhotep (ambos são fundadores da medicina), e milênios antes do tal do grego ("pai da medicina") Hipócrates. Entretanto, dentro da lógica da Academia europeia, a primeira médica negra do mundo foi a norte-americana Rebecca Lee. Rebecca foi a primeira negra a diplomar-se médica e, também, a primeira afro-americana a publicar um livro de Medicina, o que aconteceu no ano de 1883.

Rebecca Davis Lee Crumpler nasceu na Virginia em 8 de fevereiro de 1831. Seu espírito cuidador aflorou na infância, quando vivia com a tia que cuidava de outras seis crianças doentes. Mas sua carreira na área da saúde teve início quando contava com 21 anos, quando foi trabalhar como enfermeira na cidade de Massachusetts. Aos 28 anos, em 1859, conseguiu ser admitida na faculdade. Mas, com a guerra civil, em 1861, teve que adiar a conclusão de sua vida acadêmica. Rebecca ganhou o título de médica em 1864, dezesseis anos depois de Elizabeth Blackwell, a primeira mulher no mundo a se tornar médica em uma universidade.

Finda a guerra, Dra. Rebecca mudou-se para a Virgínia e lá trabalhou, inclusive como voluntária junto a ex-escravizados e ex-escravizadas, pessoas recém libertas. De volta a Boston, fez uma carreira brilhante.

Rebecca Lee Crumpler morreu em 9 de março de 1922, aos 91 anos de idade.

Sarah Boone (1832 - 1904)

Fonte: Alchetron.

Vamos falar agora de uma mulher negra estadunidense que inventou em 1892 um dos utensílios domésticos mais usados no mundo, a tábua de passar roupas. Seu nome é Sarah Boone. A invenção de utensílios domésticos, em uma época em que somente as mulheres (a partir do patriarcado colonial) cuidavam das tarefas da casa e do dia a dia, ao oferecerem mais autonomia, tempo livre e menos trabalho braçal, ajudaram muito a libertação da mulher. E, nesse contexto, principalmente de mulheres negras, seja na casa grande ou no pós-abolição, sempre estiveram mais responsabilizadas pelos trabalhos domésticos em comparação às mulheres brancas.

Sarah foi uma mulher genial do seu tempo. E no seu tempo, quantas mulheres geniais você conhece?

Odília Teixeira Lavigne (1884 - ?)

Fonte: ilheuscomamor.wordpress.com.

Em quantas médicas negras você já foi na vida? Vamos falar da primeira médica negra do Brasil. A primeira médica negra do Brasil foi a Dra. Odília Teixeira Lavigne, que nasceu na cidade de São Félix, no Recôncavo baiano em 05 de maio de 1884. Filha do médico José Pereira Teixeira, homem honrado e dedicado à profissão, mas ex-escravizado e de origem pobre (que morreu à base da pensão do genro porque, enquanto médico negro, não conseguia pacientes). Dra. Odília Teixeira se formou em medicina na Faculdade de Medicina da Bahia (FAMEB) no ano de 1909. Foi a quinta mulher a se formar em medicina na Bahia, sendo a primeira negra (e foi também a primeira médica negra formada em solo brasileiro). Era a única mulher da sua classe.

Naquela época as pessoas formandas em medicina tinham que, para concluir o curso, escrever uma tese de doutoramento, e, por isso, recebiam o título de doutor. Sua tese foi sobre a cirrose hepática alcoólica, uma doença que já no início do século XX atingia muito o seu povo. Odília, cinco anos depois de sua formatura, foi também a primeira professora negra da FAMEB, e atuou muitos anos como ginecologista, realizando muitos partos em Salvador. Parou de atuar na profissão anos depois quando teve seus filhos e fez a escolha de ser dona de casa.

Alice Augusta Ball (1892 - 1916)

Fonte: Wikipédia.

Vamos falar agora sobre a afro-estadunidense Alice Augusta Ball, que foi uma mulher negra, química e farmacêutica estadunidense nascida em Seattle, que desenvolveu um óleo injetável que foi o método mais eficiente para o tratamento da lepra até os anos 1940. Alice estudou Química na Universidade de Washington e, em quatro anos, recebeu os títulos de bacharelado em Farmácia e em Química. Após sua graduação, Alice recebeu bolsas na Universidade da Califórnia em Berkeley e na Universidade do Havaí. Ela optou pela Universidade do Havaí onde obteve seu mestrado em Química, tornando-se a primeira mulher e a primeira pessoa negra a obter o nível de mestre na instituição.

Em sua pesquisa na pós-graduação, Alice estudou a composição química e o princípio ativo da kava (*Piper methysticum*), uma planta natural das ilhas do Oceano Pacífico. Durante a pesquisa, Alice perguntou ao cirurgião Harry T. Hollmann, do Hospital Kalihi, no Havaí, se ele a ajudaria a desenvolver um método que isolasse os princípios ativos do óleo de chaulmoogra. Óleo que foi utilizado por ela no tratamento da hanseníase. Apesar de sua vida ter sido curta, Alice introduziu um novo tratamento para o Mal de Hansen que permaneceu em uso até os anos 1940, salvando centenas de vidas.

Flemmie Pansy Kittrell (1904 - 1980)

Fonte: aauw.org.

Vamos falar de um dos maiores nomes do século passado das ciências nutricionais no mundo. Seu nome é Flemmie PansyK ittrell (1904 - 1980). Flemmie foi a primeira mulher negra estadunidense a obter um doutorado em nutrição. Sua pesquisa se concentrou em tópicos como os níveis de necessidade de proteínas em adultos, a alimentação adequada de crianças negras e a importância das experiências de enriquecimento pré-escolar para as crianças. Em 1947, Kittrell iniciou uma cruzada internacional para melhorar a nutrição infantil em todo o mundo. Ela liderou um grupo rumo à Libéria, onde descobriu que a dieta das pessoas carecia de proteínas e vitaminas. Seus relatórios sobre "fome oculta", um tipo de desnutrição em pessoas com estômago cheio, levaram a muitas mudanças nas práticas agrícolas da Libéria e de outros países. Tempos depois Flemmie viajou para a Índia, Japão, África Ocidental, África Central, Guiné e Rússia. Em Baroda, na Índia, Kittrell criou um programa de treinamento de nível de educação superior para a economia doméstica.

Enedina Alves Marques (1913 - 1971)

Fonte: unifei.edu.br.

Essa é Enedina Alves Marques (1913-1971). Foi a primeira mulher negra a formar-se em engenharia no Brasil e a primeira mulher engenheira do estado do Paraná. Filha de Paulo Marques e Virgília Alves Marques, que era empregada doméstica e trabalhava na casa do major Domingos, homem que lhe deu escolaridade desde pequena.

Enedina iniciou em 1940 sua graduação em Engenharia, na Faculdade de Engenharia da Universidade do Paraná, onde se graduou como Engenheira Civil no ano de 1945. Brilhante, logo em 1946 ela realiza o que para muitos foi seu maior feito como engenheira, a construção da Usina Capivari-Cachoeira. Também trabalhava no período no Plano Hidrelétrico do estado, além de atuar no aproveitamento das águas dos rios Capivari, Cachoeira e Iguaçu. Durante a obra na Usina, ficou conhecida por usar macacão e portar uma arma na cintura, que usava atirando para o alto sempre quando fosse necessário se fazer respeitada pela "macharada". Enérgica e rigorosa, impunha-se sempre, pois além de ser mulher era negra.

Virgínia Leone Bicudo (1915 - 2003)

Fonte: The Intercept.

Virgínia Leone Bicudo nasceu em São Paulo em 1915 e viveu até 2003. Essa grande mulher negra foi socióloga e a primeira psicanalista brasileira. Iniciou sua análise com a Dra. Adelheid Lucy Koch, primeira analista credenciada pela International Psychoanalytical Association (IPA) no Brasil. Em 1937, candidatou-se a membra da Sociedade Brasileira de Psicanálise de São Paulo (SBPSP), sendo aprovada como membra efetiva em 1945. Em 1962, foi eleita presidente da segunda diretoria do Instituto de Psicanálise, função que desempenharia até 1975.

Em 1970 Virgínia iniciou em Brasília a análise e o ensino a um grupo de seis psiquiatras. O grupo foi, então, encampado pela Sociedade de Psicanálise de São Paulo, tornando-se a primeira turma da atual Sociedade de Psicanálise de Brasília.

Virgínia foi uma das primeiras psicanalistas brasileiras de renome internacional. Além disso, foi uma das primeiras professoras universitárias negras no Brasil, lecionando na Universidade de São Paulo, na Santa Casa e na Escola de Sociologia e Política.

Marie Maynard Daly (1916 - 2003)

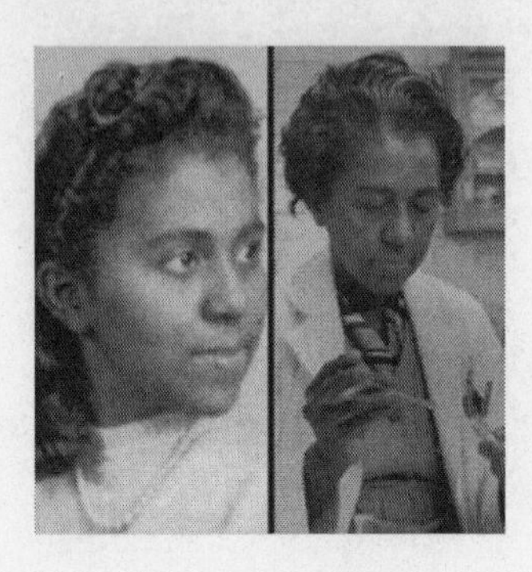

Fonte: Black Then.

Vamos falar da primeira mulher negra a obter o título de doutorado em Química nos EUA. Seu nome é Marie Maynard Daly. Marie foi uma bioquímica norte-americana. Foi a primeira mulher negra a obter, nos Estados Unidos, um doutorado em Química, pela Columbia University, em 1947. Filha de Ivan C. Daly, imigrante das Índias Britânicas Ocidentais, funcionário de um posto dos correios e de Helen Page. Eles moravam na cidade de Nova York e Marie nasceu e se criou em Corona, no Queens, junto de mais dois irmãos.

Seu interesse em ciência foi influenciado pelo pai, que estudou na Cornell University querendo se tornar químico, mas não terminou o curso por falta de dinheiro. Sua filha Marie continuou o legado do pai ao se formar em Química.

Muitos anos depois ela iniciou um fundo de bolsa de estudos no Queens College, em homenagem ao pai, para auxiliar estudantes negros e negras a conseguirem formação em química ou física.

Mamie Phipps Clark (1917 - 1983)

Fonte: who'sdatedwho.

Você já viu aqueles testes psicológicos com crianças negras no qual elas são questionadas sobre beleza, caráter e outras características que elas associam a bonecas brancas e negras? Esse teste foi desenvolvido por uma psicóloga negra estadunidense chamada Mamie Phipps Clark.

Mamie era psicóloga social e suas pesquisas versavam sobre a autoimagem das crianças negras. Seus estudos foram essenciais para demonstrar o dano causado pelas escolas segregadas durante o caso Brown v. Board of Education.

No agora famoso "teste da boneca", Mamie e seu parceiro de pesquisa (seu marido Kenneth Clark) ofereceram às crianças uma boneca negra e outra branca. Depois perguntaram a elas como se sentiam em relação a cada uma delas.

Foi principalmente devido às suas descobertas — que as crianças preferiam brincar com a boneca branca em vez da boneca negra, demonstrando que a segregação realmente afetava negativamente a autoimagem das crianças negras — que as escolas foram finalmente dessegregadas nos Estados Unidos.

Katherine Johnson (1918 - 2020)

Fonte: Vanity Fair.

Trago aqui uma estrela além do tempo chamada Katherine Johnson. Nascida em 1918 nos Estados Unidos, a matemática, física e cientista espacial negra (na internet tem várias fotos que visam embranquecê-la com o intuito de aproximá-la desse "ideal" brancocêntrico de intelectualidade) deu contribuições fundamentais para a expansão espacial, trabalhando como um computador humano na NASA. Ela era chamada de computador de saia. Em 2016, foi incluída na lista de 100 mulheres mais inspiradoras e influentes pela BBC.

Katherine não só trabalhava na NASA como ocupou lugar de destaque ao realizar os cálculos que garantiriam a aterrissagem do Apollo II na lua em 1960. Era papel dela calcular trajetórias orbitalares e tempos de voo em relação aos astros. Uma mulher extraordinária. Recentemente foi lançado um filme sobre a história de sua vida e de mais duas outras geniais cientistas negras da NASA. Chamado *Estrelas Além do Tempo.* O filme revela a genialidade dessas mulheres, bem como o racismo institucional vivido por elas. Vale muito a pena assistir.

Jane C. Wright (1919 - 2013)

Fonte: Wikipédia.

Vamos falar sobre um grande nome da medicina ocidental relegado ao racismo institucional. Falaremos de uma mulher negra estadunidense chamada Jane Cooke Wright, conhecida também como Jane Jones (1919 - 2013). Sua mãe, Corinne Cooke, era professora de escola pública e seu pai, Louis T. Wright, foi um dos primeiros negros a se formar na Harvard Medical School.

Jane foi uma médica oncologista pioneira no tratamento e pesquisa do câncer e cirurgiã, com grandes contribuições para a quimioterapia. À Jane é creditado o desenvolvimento de técnicas de cultura de tecidos humanos em testes de efeitos colaterais de drogas em células cancerosas ao invés de utilizar cobaias, como ratos. Foi também pioneira no uso da droga Metotrexato no tratamento de câncer de mama e no uso de micose fungoide no tratamento de câncer de pele.

Henrietta Lacks (1920 - 1951)

Fonte: CNN.

A personagem em questão não descobriu nem inventou nada, mas pouquíssimas pessoas contribuíram tanto para o progresso da ciência como ela. Seu nome era Henrietta Lacks (1920- 1951). Henrietta Lacks, uma mulher negra ex-lavradora de tabaco no sul dos EUA, descendente de seres humanos escravizados. Aos 30 anos, mãe de cinco filhos, passou a sentir um caroço na altura do útero, embora escondesse as dores da família. Lacks foi diagnosticada com um tumor cervical no Hopkins Hospital. O câncer que ela desenvolveu produzia metástases anormalmente rápidas, mais que qualquer outro tipo de câncer conhecido pelos médicos. Ela morreu no mesmo ano. Na cirurgia de retirada do tumor, coletaram, sem a autorização da doente e da família, uma amostra de tecido tumoral e guardaram as células da Henrietta para fins de pesquisa. As células HeLa, como ficaram conhecidas as células de Henrietta, nunca morreriam, pois se tornaram a primeira linhagem de células imortais humanas. As HeLa foram e são fundamentais para o tratamento de diversas doenças. Mais de 17000 patentes estão relacionadas a elas. Em 2009, um frasquinho das células HeLa custava US$ 256. Muita gente branca enriqueceu com as HeLa. Já Henrietta foi enterrada aos 31 anos numa cova sem lápide. Sua família só descobriu tudo isso na década de 70 e segue até hoje sem receber um centavo dessa fortuna (MACHADO; LORAS, 2017).

Ivone Lara (1921 - 2019)

Fonte: Revista Época.

Ivone Lara, mais conhecida como Dona Ivone Lara, nasceu em 1921 e perdeu os pais ainda criança. Ela não foi "só"a primeira mulher a fazer parte da ala de compositores e compositoras de uma escola de samba e a criar um samba-enredo (sendo que ela já compunha desde os 12 anos, mas pedia para seu primo assinar a composição para que fosse aceita), mas ela foi também formada em Enfermagem e Serviço Social, com especialização em Terapia Ocupacional. Dona Ivone trabalhou como enfermeira e assistente social em hospitais psiquiátricos de 1947 a 1977, e atuou no Serviço Nacional de Doenças Mentais com a doutora Nise da Silveira, uma das principais referências da luta antimanicomial no Brasil. Teve participação importante na história da Luta Antimanicomial e nos serviços sociais e de saúde pública no Brasil.

Com a finalidade de resgatar vínculos, Dona Ivone percorria quilômetros de estrada pelos municípios do Rio de Janeiro e estados vizinhos localizando mães, pais, avós e tios que haviam abandonado seus familiares no hospital. Essas pessoas muitas vezes acreditavam que não havia mais nada a ser feito por eles – diagnóstico que, muitas vezes, eles ouviam dos próprios médicos.

Mary Winston Jackson (1921 - 2005)

Fonte: Tech Ladies.

Mary Winston Jackson nasceu nos Estados Unidos, foi uma matemática e primeira engenheira aeroespacial do National Advisory Committee for Aeronautics (NACA), que se tornou a atual NASA. Mary graduou-se em matemática na Universidade Hampton. Trabalhou como matemática na National Advisory Committee for Aeronautics (NACA), em 1951. Em 1953, ela foi para o Compressibility Research Division. Depois de 5 anos na NASA, Mary foi para um programa especial de treinamento e foi promovida a engenheira aeroespacial. Trabalhou com análise de dados em experimentos com túnel de vento e de aeronaves experimentais no Departamento Teórico de Aerodinâmica, na Divisão de Aerodinâmica Subsônica-Transônica, em Langley.

Depois de trabalhar no quartel-general da NASA, ela voltou a Langley, onde trabalhou por mudanças e para destacar mulheres e outros grupos minoritários em suas áreas de atuação. Ela administrou o Federal Women's Program no escritório do Programa de Oportunidades Iguais e no Programa de Ações Afirmativas.

Marie Van Brittan Brown (1922 - 1999)

Fonte: Brilhante.

Marie Van Brittan Brown foi uma mulher negra norte-americana que inventou o sistema de segurança doméstico em 1966. A patente foi dada em 1969. O sistema de Brown foi desenvolvido para uso doméstico, mas muitos negócios começaram a adotá-lo logo de imediato devido à sua efetividade. Esse sistema tinha um conjunto de quatro olhos mágicos e uma câmera que podia subir e descer para olhar em cada um deles. Qualquer coisa que a câmera filmasse apareceria em um monitor. Além disso, a pessoa residente poderia destravar a porta via controle remoto. Pela sua invenção, Brown recebeu um prêmio da National Science Committee.

Jewel Plummer Cobb (1924 - 2017)

Fonte: Peoplepill.

Vamos falar sobre um grande nome da biologia celular, que é Jewel Plummer Cobb. Jewel Plummer foi uma bióloga afro-estadunidense, que trabalhou para descobrir quais compostos eram mais efetivos no combate às células cancerosas. Suas pesquisas eram fortemente voltadas para a cura do melanoma. Jewel pesquisou como alterar o crescimento das células com câncer e realizou experimentos cultivando tecidos de tumores humanos fora do corpo – em vez de em pessoas vivas – para descobrir novos tratamentos contra a doença.

Jewel, além de grande cientista, foi uma grande ativista que lutou pelos direitos das mulheres e pela presença de pessoas negras nos programas de pós graduação. Também foi reitora na universidade que lecionava.

Nair da França e Araujo (1931 - 2018)

Fonte: Arquivos da família França e Araujo.

Nair da França e Araujo nasceu em 1931 em Maragogipe – BA e foi a primeira química da Bahia, graduando-se em 1954, quando o Curso ainda funcionava na Faculdade de Filosofia da Universidade da Bahia, hoje Universidade Federal da Bahia (UFBA). No ano seguinte, ela se formou em Licenciatura em Química e ingressou no magistério superior no Curso de Química da Universidade da Bahia no mesmo ano em três de agosto, tornando-se também a primeira mulher a ensinar no referido Curso. Cursou em 1959 a Especialização em Química Orgânica na Universidade de São Paulo (USP) e em 1976 defendeu a sua dissertação de mestrado em Química Orgânica, desenvolvendo uma pesquisa de síntese de nitrilas partindo de aldeídos em compostos orgânicos em parceria com o Polo Petroquímico local.

A mestra Nair começou a realizar os seus estudos de doutoramento na USP, mas esses tiveram que ser interrompidos em razão da solicitação de retorno por parte da sua Unidade de trabalho. Segundo eles, isso se deu devido à falta de docentes. Conforme entrevista, a professora Nair Araújo informou que isso não ocorreu com os outros docentes que estavam na mesma situação naquele momento. Pioneira, não só na Química Orgânica, mas também na ciência baiana, Nair da França e Araújo coordenou um grande laboratório na Universidade e orientou inúmeros estudantes, desenvolvendo diversas pesquisas na área de síntese orgânica. Atuante na edificação da ciência no estado da Bahia, bem como na abertura do curso que Química Industrial. Visando atender a demanda do Polo Petroquímico de Camaçari, a professora aqui em questão auxiliou veementemente na formação de muitos estudantes, hoje professoras e professores do Instituto de Química da UFBA.

Em sua entrevista, cientista Nair Araújo apontou grande desconforto em ser chamada por anos, e por muitos professores e professoras do Instituto de Química da UFBA formados por ela, de "dona Nair" e não de "professora Nair".

Gladys Mae West (1931 -)

Fonte: Wikipédia.

Você já usou a tecnologia GPS? Se sim, agradeça a uma mulher negra chamada Gladys Mae West. Gladys é uma matemática afro-americana, nascida em 1931 e no Condado de Dinwiddie. Ela teve papel fundamental no desenvolvimento e criação do GPS. Sua família trabalhava nas plantações de tabaco e algodão e, quando Gladys estava no ensino médio, ela soube que os melhores estudantes do último ano poderiam ganhar uma bolsa de estudos para a Universidade de Virgínia. Foi aí que ela se empenhou nos estudos e se formou como a primeira da classe.

Com bolsa de estudos para a universidade, ela se graduou em matemática e, por dois anos, lecionou no Condado de Sussex antes de voltar para a faculdade a fim de obter um mestrado. Em 1956, ingressou na base naval de

Dahlgren, sendo a segunda mulher negra a ser empregada na instituição. Uma de suas atribuições em Dahlgren era a de coletar dados de localização espacial dos satélites em órbita e depois inserir os dados nos supercomputadores da base, usando um programa rudimentar para analisar elevações de superfície. A base para a tecnologia GPS é desenvolvida nesse trabalho.

Tempos depois, Gladys teve um acidente vascular cerebral e, mesmo se recuperando do AVC, ela decidiu obter seu doutorado. A doutora Gladys é um gênio da matemática. Você a conhecia?

Vivienne Lucille Malone-Mayes (1932 - 1995)

Fonte: Wikipédia.

Vamos falar de um grande nome da matemática: Vivienne Lucille Malone-Mayes (1932 - 1995), uma matemática e professora afro-americana. Malone-Mayes estudou propriedades de funções, bem como métodos de ensino de matemática. Ela foi a quinta mulher negra estadunidense a obter um Ph.D. em matemática e o primeiro membro afro-americano do corpo docente da Baylor University.

Durante o seu doutorado em matemática ela era a única pessoa negra da classe, a primeira da sua universidade no Texas. Ela escreveu: "Meu isolamento matemático estava completo", e que "foi preciso uma fé acadêmica quase inatingível para suportar o estresse de obter um título de Ph.D. como uma estudante de pós-graduação negra". Ela participou de manifestações pelos direitos civis, e seus amigos e colegas Etta Falconer e Lee Lorch escreveram em sua morte que "Com habilidade, integridade, firmeza e amor ela lutou contra o racismo e o sexismo por toda a vida, nunca cedendo às pressões ou problemas". Como educadora, Malone-Mayes desenvolveu métodos inovadores de ensino de matemática, incluindo um programa usando tutoriais de áudio individualizados. Sua pesquisa matemática foi no campo da análise funcional, caracterizando particularmente as propriedades de crescimento das faixas de operadores não-lineares.

Annie J. Easley (1933 - 2011)

Fonte: Viquipèdia.

Trago aqui mais uma cientista negra sensacional e desconhecida em razão do racismo institucional. Seu nome é Annie J. Easley (1933 - 2011). Annie foi uma cientista afro-estadunidense de computação, matemática, assim como cientista de foguetes.

Annie Easley nasceu de Samuel Bird Easley e Mary Melvina Hoover em Birmingham, Alabama. Antes do Movimento dos Direitos Civis, as oportunidades educacionais e de carreira para as crianças negras eram muito limitadas. As crianças negras foram educadas separadamente das crianças brancas, e suas escolas na maioria das vezes eram inferiores às escolas brancas. Annie contou com a valiosa contribuição de sua mãe, que sempre fez ela acreditar em si mesma, de modos que ela cursou matemática e engenharia da computação na Universidade Xavier.

Ela trabalhou para o Lewis Research Center (agora Glenn Research Center) da Administração Nacional de Aeronáutica e Espaço (NASA) e seu antecessor, o Comitê Consultivo Nacional para Aeronáutica (NACA). Ela era um dos principais membros da equipe que desenvolveu software para o estágio de foguetes Centaur e foi uma das primeiras pessoas negras a trabalhar como cientista da computação na NASA.

Wangari Muta Maathai (1940 - 2011)

Fonte: Biosfera.

Wangari Muta Maathai foi uma cientista, professora e ativista política do meio-ambiente do Quênia. Foi a primeira mulher africana a receber o Prêmio Nobel da Paz.

Foi também a primeira mulher da África Oriental a obter o bacharelado em biologia em 1964, no Mount St. Scholastica College, em Atchison, Kansas. Em 1966, obtém o mestrado em biologia pela Universidade de Pittsburgh e, em seguida, trabalha como pesquisadora em medicina veterinária na Alemanha, em Munique e Giessen, antes de receber o seu doutorado em anatomia na Universidade de Nairóbi, em 1971. Foi a primeira mulher na África Oriental e Central a receber o grau de doutora naquela universidade, onde também se tornou professora de anatomia veterinária.

Maathai fundou o Green Belt Movement, uma organização não governamental ambiental concentrada em plantação das árvores, conservação ambiental, e direitos das mulheres. Em 1986, ela foi premiada o Right Livelihood Award e, em 2004, se tornou a primeira mulher africana a receber o Prêmio Nobel por sua contribuição para o desenvolvimento sustentável, a democracia e a paz. Um prêmio Nobel é bastante discutido pelas pessoas negras que atuam nas carreiras científicas, pois, pela contribuição imensa de Wangari na ciência, esperávamos o primeiro Nobel científico por uma pessoa negra. No entanto, veio o Nobel da Paz.

Patrícia Bath (1942 - 2019)

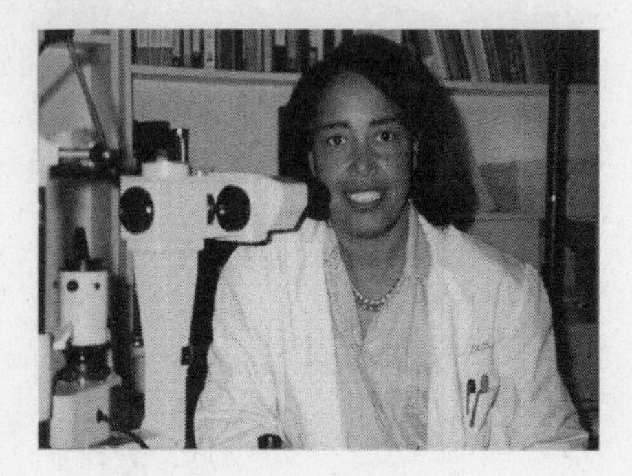

Fonte: O que é história?

Patricia Bath nasceu em 04 de novembro de 1942, em Nova York. Seu pai, Rupert, foi o primeiro maquinista negro do sistema de metrô de Nova York. Sua mãe, Gladys, era empregada doméstica descendente de pessoas africanas escravizadas.

Patricia se formou com um diploma de Bacharel em Artes pelo Hunter College, em Nova York. Logo depois, ela se formou em medicina com honras de Howard em 1968. Patricia se tornou a primeira pessoa negra a completar uma residência em oftalmologia nos EUA. Em 1981, ela começou a trabalhar em sua mais conhecida invenção, a qual ela chamaria de "Sonda Laserphaco"O dispositivo utiliza um laser que salva as pessoas da cegueira por cataratas.

Meu pai, quando vivo, prolongou o seu tempo de visão saudável, por conta de uma cirurgia de cataratas por meio desse dispostivo. Eu e toda a minha família devemos isso à Bath.

Valerie Thomas (1943 -)

Fonte: Wikipédia.

Valerie Thomas é uma cientista afro-estadunidense nascida em Maryland em 1943. Formou-se em Física na Morgan State University, e foi trabalhar como analista de dados na NASA. Hoje, na NASA, Thomas tem cargo de chefia e gerencia o programa Landsat, que produziu milhões de imagens da Terra.

Em 1976, a referida física descobriu que os espelhos côncavos podem criar a ilusão de objetos tridimensionais e começou a experimentar como poderia transmitir visualmente a ilusão 3D. Em 1980, Thomas patenteou seu transmissor de ilusão. Se hoje você assiste filmes 3D, você deve isso a uma mulher negra. Você deve isso à Valerie.

Eliza Maria Ferreira Veras da Silva (1944 -)

Fonte: Nosso registro.

Hoje vamos falar de uma mulher negra que foi pioneira na matemática no Brasil. Trata-se da professora Dra. Eliza Maria Ferreira Veras da Silva. A Dra. Eliza foi a primeira mulher professora do Instituto de Matemática e Estatística da UFBA a ter doutorado e é a mulher negra do Brasil com o título mais antigo de doutorado na área de Matemática (levantamento exaustivo realizado pela professora Dra. Manuela Souza nos últimos anos). A professora Eliza Maria nasceu em Ituberá em 1944, filha de um casamento inter-racial e foi uma dentre cinco filhos (3 homens e 2 mulheres). Conviveu com o pai e a mãe até 4 anos quando o pai, por motivos de força maior, ausentou-se até os seus 14 anos, deixando-a nas mãos de uma guerreira, a sua mãe. Iniciou o primário em Gandu, terminando em Jequié, onde fez o ginásio e o pedagógico, concluindo o último ano do pedagógico com média 10 em todas as disciplinas. Na ocasião, foi premiada com a Bolsa Phillips da Holanda em virtude desse grandioso feito. Passou em segundo lugar no vestibular de Matemática da UFBA e colou grau como bacharel e licenciada em matemática em 1967 (fez a graduação toda atuando como professora primária em Salvador). Em 1968 foi aprovada no concurso das 100 horas e se tornou professora do Colégio Central e, nesse mesmo ano, foi nomeada professora Algebrista no IME. Logo após o seu mestrado, foi aprovada em concurso como professora assistente da UFBA. Fez mestrado e doutorado na França na Universidade de Montepellier, mestrado com bolsa pela UNESCO e o doutorado com bolsa do Governo Francês. Retornou a Salvador e teve acompanhamento do seu orientador, que veio algumas vezes ao Brasil. Defendeu doutorado em 1977, pesquisando acerca de álgebras não associativas. Atuou como professora no programa de pós-graduação em Matemática nos idos dos anos 80, orientando pesquisas em um contexto altamente dominado por homens brancos estrangeiros. Foi membro do Colegiado da pós-graduação e foi Vice-Diretora do Instituto de 1984 a 1988.

A foto anterior foi tirada na casa da professora Eliza, em entrevista realizada por mim e pelas professoras Dra. Manuela Souza e Dra. Simone Moraes em janeiro de 2020. Atualmente, a professora Dra. Eliza, aposentada da UFBA desde 1994, se ocupa de fazer costuras e artesanatos e passou a cuidar de sua mãe até o falecimento dela em 1999. Sempre que possível viaja a morro de São Paulo na Bahia, local que conheceu aos 4 anos de idade e sempre foi uma admiradora. A professora Dra Eliza gostaria de mencionar algumas pessoas em sua jornada: Dahil Ferreira (sua mãe), Everaldino Ferreira (seu tio), Nadir Argolo (sua amiga), Rosa Levita (superintendente do ensino primário em Salvador), Célia Maria Gomes (colega e amiga), Lolita Dantas (diretora do IME), Artibano Micali (seu amado e saudoso orientador).

Octavia Butler (1947 - 2006)

Fonte: Cadê as Três?

Você sabia que mulheres negras também escrevem ficção científica? Essa mulher na fotografia é Octavia Butler. Octavia foi uma escritora afro-americana consagrada por seus livros de ficção científica feminista e por inserir a questão do preconceito e do racismo em suas histórias.

Octavia Butler decidiu se tornar escritora aos 12 anos ao assistir o filme *Devil Girl from Mars* e, convencendo-se de que poderia escrever uma história melhor, depois de vender algumas histórias para antologias, adquiriu notoriedade a partir dos anos 1980, ganhando os prêmios Nebula e Hugo. Porém, foi a publicação dos livros *Parable of the Sower* (1993) e *Parable of theTalents* (1998) que solidificou sua fama como escritora. Em 2005, ela foi admitida no Hall Internacional da Fama de Escritores/as Negros/as.

Mae Jemison (1956 -)

Fonte: Revista Galileu.

Vamos de uma pioneira no espaço. Mae Jemison, física, engenheira, médica e astronauta que foi a primeira mulher negra a viajar ao Espaço. Mae Jemison nasceu em Decatur, Alabama. Ela era a mais nova de três filhos. A família Jemison mudou-se para Chicago quando Mae tinha três anos de idade. Foi em Chicago que um tio a introduziu ao mundo da ciência. Quando era bem jovem, Mae desenvolveu interesse por antropologia, arqueologia, e astronomia, campos pelos quais ela mostrou grande interesse durante toda a juventude. Mae Jamison foi para Stanford University quando tinha 16 anos de idade e, em 1977, diplomou-se em Engenharia Química e Estudos Afro-Americanos. Ela recebeu o diploma de Medicina de Cornell University em 1981. Dr. Jemison praticou medicina como voluntária em um campo de refugiados no Camboja e como oficial médica com o Peace Corps na África Ocidental. Ela trabalhava como clínica geral em Los Angeles, Califórnia quando a NASA a selecionou, e outras 14 pessoas, para o treinamento de astronauta.

Depois de algum tempo, ela largou a Nasa e a própria carreira como astronauta porque queria se dedicar mais à sua comunidade negra. Desde que deixou a Nasa, ela organizou acampamentos científicos, lecionou na Faculdade de Dartmouth (nos EUA), e fundou várias organizações, incluindo a Fundação Jemison, grupo que promove a educação científica para jovens negras e negros.

Sonia Guimarães (1956 -)

Fonte: Facebook de Sônia Guimarães.

Sonia Guimarães é a primeira mulher negra doutora em Física no Brasil, tendo defendido a sua tese de doutorado em 1989. Atualmente é professora adjunto do Instituto Tecnológico da Aeronáutica ITA (também foi a primeira mulher negra brasileira a se tornar professora no ITA) e Gerente do Projeto de Sensores de Radiação Infravermelha - SINFRA, do Instituto Aeronáutica e Espaço - IAE, do Comando-Geral de Tecnologia Aeroespacial CTA. Tem experiência na área de Física Aplicada, com ênfase em Propriedade Eletróticas de Ligas Semicondutoras Crescidas Epitaxialmente, atuando principalmente nos seguintes temas: crescimento epitaxial de camadas de telureto de chumbo e antimoneto de índio, bem como processamento e caracterização de dispositivos fotocondutores.

Atualmente Sonia tem se destacado na luta por maior representatividade negra nos espaços científicos, dando palestras que apresentam outras cientistas negras como ela, bem como denunciando processos de racismo institucional.

Segenet Kelemu (1957 -)

Fonte: Pinterest.

Quando se fala em Etiópia, qual a primeira coisa que vem a sua mente? Fome? Miséria? Crianças desnutridas??? Na minha mente vem o grandioso império de Axum, na minha mente vêm grandes mulheres cientistas, tais como a bióloga botânica Segenet Kelemu.

Segenet Kelemu é uma cientista etíope, conhecida por sua pesquisa sobre patologia molecular de plantas. Por cerca de três décadas, Kelemu e sua equipe de pesquisa têm contribuído para melhorar as condições agrícolas na África, Ásia, América Latina e América do Norte. Essa bióloga africana descobriu como reproduzir as plantas mais resistentes às doenças e às alterações climáticas, a fim de alimentar o gado de uma forma ecologicamente sustentável. Laureada com o prémio L'Oréal-UNESCO para a Ciência em

2014, foi a primeira mulher a integrar a Universidade da Etiópia, e hoje dirige o Centro Internacional de Fisiologia dos Insetos e de Ecologia (ICIPE), em Nairobi, no Quénia.

Desde 2013, Kelemu é diretora-geral do Centro Internacional de Fisiologia e Ecologia de Insetos, o único instituto africano dedicado à pesquisa sobre insetos e outros artrópodes. Anteriormente, foi diretora de Biociências da África oriental e central (BecA), além de ter sido vice-presidenta de Programas da Aliança para uma Revolução Verde na África (AGRA) e a líder de Plantação e Agroecossistema de Gestão de Saúde do Centro Internacional de Agricultura Tropical (CIAT).

Denise Alves Fungaro (1959 -)

Fonte: CNEN.

Denise é graduada em Química (1983), pela Universidade de São Paulo (USP). Possui mestrado (1987) e doutorado (1993), também em Química, ambos pela USP. Realizou Pós-Doutorado (1998) na Universidade de Coimbra, Portugal, na área de eletroquímica aplicada ao Meio Ambiente. Atualmente é Pesquisadora do Instituto de Pesquisas Energéticas e Nucleares (IPEN-CNEN/SP). Como coordenadora de Projetos de Pesquisa, atua principalmente nos seguintes temas: zeólita, adsorção, tratamento de efluentes, nanomaterial adsorvente de baixo custo, reciclagem de produtos da combustão de carvão e reciclagem de resíduos da biomassa.

Em 2016 a Dra. Denise foi a vencedora do Prêmio Kurt Politzer de Tecnologia, categoria Pesquisador com o projeto de pesquisa intitulado "Produção de Sílica Gel e Nanosílica de Alta Pureza a partir de Cinzas da Biomassa de Cana-de-Açúcar com Alto Potencial de Comercialização", coordenado por ela, do Instituto de Pesquisas Energéticas e Nucleares (IPEN/CNEN-SP). Neste ano da premiação, houve um recorde de inscrições. Foram submetidos 57 projetos. Ela compôs ainda o Conselho Deliberativo do IEA de julho de 2017 a julho de 2018 como representante da sociedade civil. É isso aí. Mulheres negras também movem a ciência no Brasil.

Quarraisha Abdool Karim (1960 -)

Fonte: Wikipédia.

Vamos falar agora de uma das cientistas africanas mais influentes da atualidade no combate ao HIV. Quarraisha Abdool Karim é uma sul-africana nascida em 28 de março de 1960.

Médica de formação, Quarraisha é membro da Academia de Ciências da África do Sul e também da Academia Africana de Ciências. Além disso, é professora com dupla lotação nas universidades de Kwazulu-Natal na África do Sul e na Columbia University nos EUA.

Em 2016 ela foi laureada com o prémio L'Oréal-UNESCO para a Ciência. Isto porque essa epidemiologista sul-africana concebeu ferramentas simples e eficazes para que as jovens – mulheres entre os 15 e os 24 anos, que são as mais afetadas no seu país – se protejam do HIV. Ela desenvolveu um gel microbicida e também um anel vaginal, dois métodos que reduzem os riscos de infecção em cerca de 40%.

Francine Ntoumi (1961 -)

Fonte: Google Imagens.

De que serve uma ciência que não dialoga com os problemas da grande população? Serve ou para preencher o Lattes da cientista ou serve para nutrir apenas o capitalismo. Falaremos nesta seção de uma bióloga congolesa que entendeu bem essa lição: Francine Ntoumi. Ntoumi foi a primeira mulher da África Subsaariana a receber o prêmio Georg Foster, por seu trabalho na criação de redes para combater doenças infecciosas em toda a África.

Francine Ntoumi é uma parasitologista africana congolesa especializada em malária. Ela é a primeira mulher africana encarregada do secretariado da Iniciativa Multilateral sobre a Malária. Nos últimos anos ela se envolveu em pesquisas sobre outras doenças infecciosas. Francine obteve seu bacharelado em biologia em 1989, depois seu doutorado em 1992 pela Université Pierre et Marie Curie. Depois de obter seu Ph.D., Ntoumi iniciou sua pesquisa de imunologia molecular e epidemiologia sobre malária no Instituto Pasteur de Paris.

Ntoumi trabalhou para reforçar a capacidade de pesquisa em saúde pública do continente Africano, o que o fez através de esforços de coordenação da Rede da África Central em Tuberculose, HIV/AIDS e Malária. Ela é membro de muitos comitês científicos, incluindo o Comitê Consultivo Científico de Saúde Global da Fundação Bill e Melinda Gates. Ela é a Presidente da Fundação Congolesa para Pesquisa Médica, que ela fundou em 2008; Ela também é professora associada na Universidade de Tübingen desde 2010. Desde 2014 ela é professora e pesquisadora na Universidade Marien Ngouabi.

Joana D'arc Félix de Souza (1963 -)

Fonte: Facebook de Joana D'arc.

Vamos falar neste momento sobre um dos maiores nomes contemporâneos da Química no Brasil. Joana D'arc Félix de Souza nasceu em Franca, interior de São Paulo em 1963. A cientista é uma grande colecionadora de premiações em sua carreira. Até aqui já são contabilizados 62 prêmios. A Dra. Joana é Bacharel em Química Tecnológica, mestre e doutora em Ciências pela Unicamp. Além disso, possui 15 patentes registradas. Nas suas atuais pesquisas, a Dra. Joana trabalha com resíduos do setor coureiro-calçadista. A partir desses elementos, a cientista brasileira desenvolveu uma pele artificial similar à pele humana para ser usada em queimaduras e transplantes. Além disso, ela produziu colágeno para o tratamento de osteoporose e osteoartrite, cimento ósseo para reconstituir fraturas e fertilizantes e várias tecnologias que estão sendo transferidas para a indústria. Esses trabalhos, que são de grande relevância científica e social, renderam à pesquisadora o prêmio Kurt Politizer de Tecnologia de "Pesquisadora do Ano" em 2014 e, juntamente com os seus estudantes, o prêmio do Conselho Regional de Química da quarta região (CRQ – IV) nos anos 2017, 2015 e 2014.

Jarita Charmian Holbrook (1965 -)

Fonte: Facebook de Jarita Charmian.

Falaremos aqui sobre Jarita Charmian Holbrook, que é uma astrônoma estadunidense nascida no Havaí e professora associada de física na Universidade do Cabo Ocidental (UWC), onde é a principal pesquisadora do grupo Astronomy & Society. A pesquisa de Holbrook examina a relação entre os humanos e o céu noturno, o que a levou a produzir publicações científicas sobre astronomia cultural, galáxias estelares e regiões de formação estelar.

Holbrook estudou física no Instituto de Tecnologia da Califórnia (Caltech) e obteve o bacharelado em 1987. Em seguida, ela continuou seus estudos de física na Universidade Estadual de San Diego, tendo concluído um mestrado em astronomia em 1992. Depois de concluir seu mestrado, ela trabalhou no Espaço Goddard da NASA. Centro de Voo. Holbrook recebeu seu PhD em Astronomia e Astrofísica pela Universidade da Califórnia, em Santa Cruz, em 1997.

Depois de completar seu doutorado, Holbrook trabalhou na Universidade da Califórnia, em Los Angelas (UCLA) no Centro para os Estudos Culturais da Ciência, Tecnologia e Medicina como uma bolsa NSF Minority de pós-doutorado com Sharon Traweek e fez um trabalho de pós-doutorado no Instituto Max Planck de História da Ciência. Ela então assumiu uma posição na Universidade do Arizona no Bureau de Pesquisa Aplicada em Antropologia, onde seu trabalho examinou a astronomia africana indígena e como a navegação celestial continua a ser praticada, independentemente dos recursos eletrônicos de navegação, como o Sistema de Posicionamento Global (GPS).

Holbrook atua atualmente também como defensora de mulheres e minorias étnicas na Astronomia e na Ciência.

Zélia Ludwig (1968 -)

Fonte: Instagram de Zélia Ludwig.

Vamos falar a partir de agora de uma cientista brasileira do campo da física, que trabalha no desenvolvimento de vidros ultra resistentes. Seu nome é Zélia Ludwig (1968 -). Zélia é professora e pesquisadora da área da Física do Instituto de Ciências Exatas na Universidade Federal de Juiz de Fora (UFJF) e sua atuação se estende para múltiplas áreas. Com um trabalho focado na produção de vidros dopados com nanopartículas metálicas, semicondutores, terras raras e fibras ópticas nanofotônicas, Zélia montou o Centro de Pesquisa em Materiais da UFJF, laboratório criado para ajudar alunos a desenvolver seus trabalhos. O laboratório não só produz materiais vítreos, mas também trabalha no crescimento de cristais e na caracterização de alimentos para controle de qualidade. A equipe ainda cria vidros ultrarresistentes e trabalha no desenvolvimento de bicarões extraídos de castanhas e de outros produtos descartados.

A pesquisadora desenvolve ainda um projeto que visa a inserção e a permanência de mulheres na Ciência, com foco em mulheres negras e ainda visita escolas e desenvolve projetos de Ciência com materiais de baixo custo, softwares de uso livre, placas de Arduíno, tampinhas e fios.

Ijeoma Uchegbu (1970 -)

Fonte: Wikipédia.

Trataremos agora sobre uma negra potência, uma mulher nigeriana de destaque nas ciências farmacêuticas em todo o mundo. Seu nome é Ijeoma Uchegbu. Dra. Ijeoma se graduou em farmácia pela Universidade do Benin e se tornou Ph.D. pela Universidade de Londres. Atualmente é professora de farmácia na University College London, onde também ocupa o cargo de Vice-reitora para a África e o Oriente Médio. Ela é a principal diretora científica da Nanomerics, uma empresa farmacêutica de nanotecnologia especializada em soluções de administração de medicamentos para medicamentos pouco solúveis em água, ácidos nucleicos e peptídeos. Além de sua pesquisa científica, altamente citada e localizada na área de Nanociência Farmacêutica, ela possui várias pesquisas no campo dos polímeros. Dra. Uchegbu também é conhecida por seu trabalho com o engajamento público e também igualdade e diversidade na Ciência, Tecnologia, Engenharia e Matemática, militando pela representatividade de mulheres e pessoas negras no ambiente científico.

Dorothy Wanja Nyingi (1973 -)

Fonte: Wikipédia.

Vamos falar de uma importante cientista do Quênia, chamada Dorothy Wanja Nyingi. Dorothy é uma cientista da área da zoologia e uma Ictiologista premiada pela Odre des Palmes académiques (Ordem das Palmas Acadé-micas) por seu estudo em biodiversidade de peixes e Ecologia Aquática. Doutora em Ecologia e Biologia Evolucionária pela Universidade de Montpellier II, na França, ela é a responsável pelo Departamento de Ictiologia no Museu Nacional do Quênia e autora do primeiro guia de peixes de água doce do Quênia, chamado: Guide to the Common Fresh water Fishes of Kenya.

Viviane dos Santos Barbosa (1975 -)

Fonte: Facebook de Viviane Barbosa.

Vamos falar de uma mulher 'retada' demais? Nascida no bairro da Liberdade, em Salvador-Ba, no ano de 1975, Viviane dos Santos Barbosa fez Química na antiga Escola Técnica Federal da Bahia e cursou por 2 anos Química Industrial na UFBA, quando decidiu se transferir para o curso de Engenharia Química na Universidade Técnica de Delft, na Holanda, país que reside até hoje. Além de curso de Engenharia Química, a referida cientista bacharelou-se em Bioquímica e fez mestrado em Engenharia Química na mesma universidade. As pesquisas dessa grande cientista envolvem trabalhos com nanomateriais e com catalisadores. Viviane desenvolveu catalisadores a partir da mistura dos metais *palladium* e platina, que funcionam em temperatura ambiente e reduzem a emissão de gases tóxicos na atmosfera. O projeto intitulado "Preparo de camadas metálicas catalíticas com altaporosidade e alta atividade pelos métodos spark mixing e impaction sintering", ganhou em 2010 o prêmio de trabalho científico destaque na Finlândia, no qual a mestra competia com 800 outros/as renomados/as cientistas do mundo inteiro.

Buyisiwe Sondezi (1976 -)

Fonte: Wikipédia.

Agora falaremos de uma importante e lindíssima cientista africana da área da física. Seu nome é Buyisiwe Sondezi. Buyisiwe se tornou a primeira mulher na África a obter um doutorado em física experimental de matéria altamente correlacionada. Ela defendeu sua tese na Universidade de Joanesburgo em 23 de setembro de 2014.

Buyisiwe é a primeira filha e irmã de dez irmãos. Ela cresceu em Newcastle e aprendeu ciências em uma escola rural. Na Universidade Vista, em Soweto, ela se formou em Bacharel em Ciências, Física e Química e Estatística.

A Corporação de Energia Nuclear da África do Sul (Necsa) a empregou como cientista na Divisão de Utilização de Radiação entre 2005 e 2007. Em 2007, ela começou a trabalhar para a Universidade de Joanesburgo como palestrante.

Em 2009, ela ganhou o prêmio *Women in Science* do Departamento de Ciência e Tecnologia e foi indicada como uma das "Mulheres Divertidas e Sem Medo"da revista Cosmopolitan. Em 2012, ela foi nomeada uma das 200 jovens sul-africanas do *Mail* & *Guardian*, na categoria Ciência e Tecnologia.

Nashwa Abo Alhassan Eassa (1980 -)

Fonte: Kali (Facebook).

Nashwa Abo Alhassan Eassa é uma física de nanopartículas, sendo uma mulher africana oriunda do Sudão. Ela é professora de física na Universidade Al-Neelain, em Cartum. Em 2015, Eassa ganhou o Prêmio *Elsevier Foundation* para mulheres cientistas no início da carreira no mundo em desenvolvimento. O prêmio reconheceu sua pesquisa sobre a diminuição do acúmulo de filmes na superfície de semicondutores de alta velocidade.

Ela fundou a organização não governamental Mulheres Sudanesas em Ciências em 2013 e é membro da Organização para Mulheres em Ciência do Instituto de Física da África do Sul em Desenvolvimento.

Eassa recebeu seu diploma de bacharel em física pela Universidade de Cartum em 2004. Ela obteve, por fim, seu mestrado em nanotecnologia e física de materiais pela Universidade Linköping da Suécia, em 2007. É pesquisadora e professora assistente de física na Universidade Al-Neelain desde 2007. Ela obteve seu Ph.D. da Mandela Metropolitan University Nelson (NMMU) em 2012. Eassa está envolvida no desenvolvimento de estruturas de nanotubos e nanopartículas de óxido de titânio. Ela também está envolvida em projetos para desenvolver métodos para hidrolisar moléculas de água para a coleta de hidrogênio e higienizar a água com radiação solar. Ela foi candidata a vice-presidente de países árabes da Organização para as Mulheres na Ciência para o Mundo em Desenvolvimento.

Marcelle Soares Santos (1982 -)

Fonte: Revista Galileu.

Agora vamos falar de uma astrofísica negra brasileira que é expoente na ciência internacional com apenas 37 anos. O nome dela é Marcelle Soares Santos. Marcelle nasceu em Vitória no Espírito Santo. Em 2004 graduou-se em física na Universidade Federal do Espírito Santo (Ufes), tornou-se mestra (2006) e no ano de 2010 passou a ser doutora em astronomia pela Universidade de São Paulo (USP).

Atualmente leciona na Universidade Brandeis e pesquisa no Fermi National Accelerator Laboratory. Ela estuda a natureza da expansão acelerada do universo usando dados de alguns dos telescópios mais poderosos já construídos. No início do ano de 2019, Marcelle foi reconhecida pela Fundação Alfred P. Sloan como uma das melhores jovens cientistas na ativa e parte da "vanguarda da ciência do século XXI". Desde 1955 essa fundação escolhe os mais proeminentes jovens cientistas para receber uma bolsa de US$ 70 mil para gastar de qualquer maneira que o bolsista julgar melhor em seu trabalho. Para vocês terem noção da importância disso, 47 cientistas já financiados/as pela Sloan concorreram ao Nobel.

Rapelang Rabana (1985 -)

Fonte: Twitter.

Rapelang Rabana é uma cientista da computação nascida em Botswana em 1985, mas que se mudou para a África do Sul ainda criança. Graduada e pós-graduada em ciências da computação, ela é uma das cientistas e empreendedoras mais respeitadas dessa área na África. Rapelang é uma das fundadoras e CEO da Yeigo Communications, a primeira companhia do país a oferecer chamadas de áudio gratuitas através da internet (via VoIP). A partir daí, ela ganhou notoriedade internacional e firmou parcerias com grandes empresas para o desenvolvimento do ReKindle Learning, plataforma de educação integrada online. Em 2013 ela estampou a capa da Forbes África e figurou na lista dos 30 jovens empreendedores mais influentes do continente.

Taynara Alves (1990 -)

Fonte: Instagram de Taynara Alves.

Hoje vamos falar de uma preta que foi acontecimento no Brasil em 2019. Seu nome é Taynara Alves. Taynara é cientista e empreendedora, nasceu em São Paulo em 1990. Cursou Química na Universidade Federal do ABC Paulista (UFABC). Taynara também é recém-formada em Gestão de Negócios e Inovação da Faculdade de Tecnologia do Estado (Fatec)-Sebrae e recentemente teve um feito grandioso: criou um produto capaz de tirar agrotóxicos de alimentos como vegetais e frutas.

Segundo as pesquisas da cientista, o diferencial do produto, chamado de Puro e Bom, é que ele permite uma limpeza profunda dos alimentos, conseguindo remover até

85% dos metais pesados e substâncias químicas de agrotóxicos. O produto criado pela pesquisadora também venceu o concurso da aceleradora Start Ambev, do qual participaram mais de 2 mil inscritos. Taynara recebeu um aporte de R$ 50 mil para investir no desenvolvimento do seu produto, além de ganhar uma mentoria da aceleradora.

Nadia Ayad (1994 -)

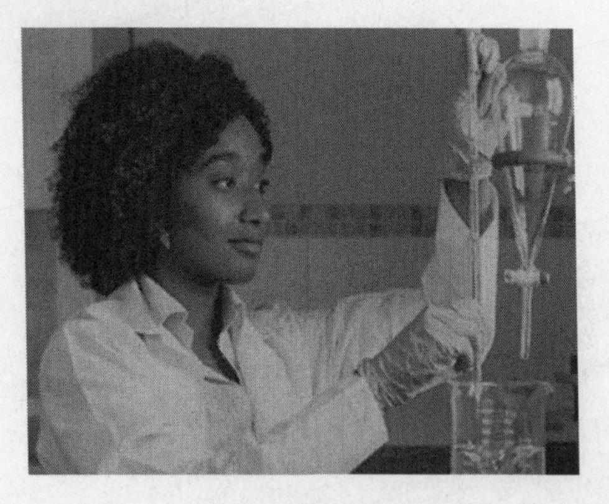

Fonte: Hypeness.

Falaremos a partir de agora de uma jovem cientista que é um grande nome da ciência nacional no Brasil: Nadia Ayad. Nadia é uma cientista brasileira formada em engenharia de materiais pelo Instituto Militar de Engenharia (IME), atualmente cursando o doutorado na Universidade da Califórnia. Em 2016, ganhou o prêmio internacional Global Graphene Challenge Competition.

A referida cientista foi premiada porque desenvolveu um mecanismo de filtragem e um sistema de dessalinização de água, fazendo com que ela se torne potável a partir do uso de grafeno – uma matéria-prima composta por átomos de carbono, extremamente fina, flexível, transparente e resistente (200 vezes mais forte do que o aço) e vista como uma alternativa de impacto positivo para o futuro, dada sua alta capacidade de conduzir eletricidade. Por isso, inclusive, o grafeno é usado para a produção de células fotoelétricas, peças para aeronaves, celulares e tem ainda outras tantas aplicações na indústria. Mulheres negras também movem a ciência brasileira.

Concluindo o inconclusivo

A feminista decolonial franco-argelina Houria Bouteldja (2012), durante a Primeira Conferência da Rede Descolonial Europeia, afirmou que, acima de tudo, a pessoa decolonial é aquela que derrotou seu fascínio pelo homem branco e pela civilização ocidental. Ser decolonial é, acima de tudo, um estado de espírito emancipado. É estar rompendo, mudando e se libertando ao mesmo tempo. É o potencial que nós carregamos, enterrado em algum lugar, escondido dentro de nosso ser e só cabe a nós libertá-lo. É nesse intuito de libertação de si e de nós que esse texto se apresenta, a partir do esforço de quem entende que o processo reverso da colonialidade é um exercício cotidiano e que leva toda uma vida. A cada dia, por mais que a minha luta antirracista seja incansável, me pego reproduzindo pensamentos racistas acerca de mim e dos meus. Às vezes me percebo, sim, desconfiando de minha potência, de minha intelectualidade, do rigor da pesquisa que faço, da minha beleza, etc. Eu e a minha terapeuta, uma mulher também negra e soteropolitana, sabemos o quanto é caro para mim desconstruir essas verdades nada verdadeiras que me contaram por toda uma vida. Também me percebo reproduzindo ideias marginalizantes, mesmo que não ditas, sobre pessoas negras e, principalmente, sobre nós mulheres negras.

Aqui fiz uma esforço de difundir grandes nomes da ciência africana e afrodiaspórica, socializando produções científico-tecnológicas de mulheres negras das ciências biomédicas, matemática e tecnológicas. Essas não foram as únicas, e também não estiveram só, como nunca estivemos, pois não é possível chegarmos tão longe em uma sociedade genocida e que declarou historicamente ódio gratuito às mulheres, pessoas negras, pessoas LGBTQ+. Chegamos até aqui e alçaremos vôos ainda maiores por meio da estratégia do aquilombamento, da construção e reconstrução da nossa subjetividade coletiva positiva tomada de assalto pela colonialidade europeia na sanha brancocêntrica de construção de um padrão objetivo e subjetivo universal inalcançável por muitos grupos sociais humanos.

Essas mulheres que aqui apresentei são apenas algumas poucas páginas de um livro em aberto com milhares de páginas outras arrancadas e defenestradas na janela da indiferença. Muitas outras, como essas, estão como folhas a serem levadas ao vento. É preciso resgatar nossa dignidade humana e mulherista a partir do resgate da nossa história: uma história milenar e potente. Dia desses, ao visitar o Instituto de Pesquisas e Estudos Afro Brasileiros(IPEAFRO), fundado pelo imortal Abdias do Nascimento, vi na parede uma linha do tempo correspondente aos últimos 4500 anos de história da população negra africana e em diáspora no mundo, produzida pela querida Dra. Eliza Larkin Nascimento (atual diretora do IPEAFRO), e fiquei ali a refletir. A linha do tempo tinha cerca de 4 metros e a dimensão espacial nessa escala, destinada aos 4 últimos séculos do projeto letal capitalista-colonialista nas Américas, tinha apenas 35 centímetros. Naquele instante me coloquei a refletir como nos massacram a vida toda impondo esses apenas 35 centímetros como a dimensão totalizante da nossa história. Fiquei pensando como que esses míseros 35 centímetros constroem subjetividades subalternas a partir de uma violência de passado que opera no nosso presente e nos nossos projetos de vida futura.

O intuito neste livro, portanto, foi apresentar não só a dimensão temporal e existencial anterior desses quatro séculos, como também ressignificar esses 35 centímetros a partir de histórias exitosas de mulheres cientistas que foram/são como qualquer outra menina negra deste país. Longe de serem geniais, foram mulheres do seu tempo, que souberam enfrentar de frente o racismo e o sexismo que desejava mantê-las em um lugar social de obediência e inferioridade. Esse é também um livro onde faltam várias páginas: inúmeras do passado, muitas do presente e incontáveis páginas futuras. Uma delas é a página da própria história que este livro constrói, que se referencia nessas mulheres para projetar sua auto-representação. O texto é inconclusivo porque nunca conseguiram e nunca conseguirão colocar um ponto final naquelas que gestaram o mundo. Convido então vocês a continuar escrevendo essa história comigo, uma história efetivamente próxima do que nós realmente somos, e não do que nos disseram acerca de nós.

Referências

ADICHIE, Chimamanda. *O perigo de uma história única.* 1° ed. São Paulo: Companhia das Letras. 2018.

BOUTELDJA, Houria. "Descolonizar a Europa". *Primeira Conferência da Rede Descolonial Europeia,* ocorrida entre 10 e 11 de maio de 2012 na Universidade Complutense de Madri, 2012.

BUKKFEED, Anjali. 23 cientistas negras que mudaram o mundo. *Geledés,* 2018. Disponível em: https://bit.ly/3QRIijj. Acesso: setembro de 2019.

CARNEIRO, Sueli. Enegrecer o feminismo: situação da mulher negra na América Latina a partir de uma perspectiva de gênero. *Geledés,* 2011. Disponível em: http://twixar.me/7yNT. Acesso: setembro de 2019.

CARNEIRO, Sueli. A Construção do Outro como Não-Ser como fundamento do Ser. 339f. *Tese* (Doutorado em Educação) – Faculdade de Educação da Universidade de São Paulo, São Paulo. 2005.

CÉSAIRE, Aimé. *Discurso sobre el colonialismo.* Madrid: EdicionesAkal, 2006.

CUNHA, Henrique., Jr.. *Tecnologia Africana na Formação Brasileira* (1ª ed). Rio de Janeiro, CEAP, 2010.

DAVIS, Angela. *Mulheres, Cultura e Política*. Tradução Heci Regina Candiani. 1. Ed. São Paulo: Boitempo, 2017.

DIOP, Cheikh. A.. A origem dos antigos egípcios. IN: MOKHTAR, G. (Org). *História Geral da África: A África antiga* (pp. 39 – 70). São Paulo: Ática/ UNESCO. 1983.

DUSSEL, Enrique. *1492*: o encobrimento do outro. A origem do "mito da modernidade". São Paulo: Vozes, 1993.

EVARISTO, Conceição. *Becos da memória*. 1 ed. São Paulo: Pallas Editora. 2006.

______. *Poemas da recordação e outros movimentos*. Belo Horizonte: Nandyala, 2008.

FANON, Frantz. *Os Condenados da Terra* (2º ed). Rio de Janeiro: Civilização Brasileira, 1979.

______. *Pele Negra Máscaras Brancas*. Tradução de Renato Silveira. Salvador: EDUFBA, 2008.

FLUZIN, Philippe. *The Origins of Iron Metallurgy in Africa New light on its antiquity*: West and Central Africa.Paris, UNESCO, 2004.

FREITAS, Henrique. *O arco e a arkhé*: ensaios sobre literatura e cultura. Salvador: Oguns Toques Negros, 2016.

GONZALEZ, Lélia. Racismo e sexismo na cultura brasileira. In: *Movimentos sociais urbanos, minorias étnicas e outros estudos*. Brasília: ANPOCS, 1983.

GONZALEZ, Lélia. A categoria político-cultural da amefricanidade. In: *Tempo Brasileiro*. n. 92-93 Rio de Janeiro: Ed. Global, jan./jun. 1988a.

GUERREIRO RAMOS, Alberto."Patologia social do branco brasileiro". *Jornal do Comércio*, jan. 1955.

HOOKS, Bell. Intelectuais Negras. *Revista Estudos Feministas*, V.3, nº 2, 1995, p. 454-478.

______. Vivendo de amor. In: *Geledes*, 2010, s/p. Disponível em: http://twixar.me/MyNT. Acesso: setembro de 2019.

JESUS. Carolina M. de. *Meu estranho diário*. Rio de Janeiro: Editora Xamã, 1997.

KILOMBA, Grada. *Plantation Memories*: Episodes of everyday racism. Munster: Unrast, 2012.

MACHADO, Carlos; LORAS, Alexandra. *Gênios da humanidade*: ciência, tecnologia e inovação africana e afrodescendente. São Paulo: DBA, 2017.

MBEMBE, Achille. *Crítica da Razão Negra*. Tradução Sebastião Nascimento. São Paulo: N-1 edições, 2018.

MELO, André. Biodiversidade: narrativas, diálogos e entrelaçamento de saberes da comunidade/escola em um território quilombola do semiárido baiano. 2019. *Tese* (Doutorado em Ensino, Filosofia e História das Ciências) – Universidade Federal da Bahia/Universidade Estadual de Feira de Santana, Salvador, 2019.

MIGNOLO, Walter. "Os esplendores e as misérias da "ciência": colonialidade, geopolítica do conhecimento e pluriversalidade epistêmica". In: Santos, B. S. (org.). *Conhecimento prudente para uma vida decente*: um discurso sobre as ciências revisitado (pp. 667-709). São Paulo, Cortez, 2004.

MUNANGA, Kabenguele; GOMES, Nilma. *O negro no Brasil de hoje*. São Paulo: Global, 2006.

NASCIMENTO, Abdias. *O genocídio do negro brasileiro*: processo de um racismo mascarado. São Paulo: Perspectivas, 2016.

NASCIMENTO, Elisa. *Introdução às antigas civilizações africanas*, in Sankofa: matrizes africanas da Cultura Brasileira, Rio de Janeiro: Universidade do Estado do Rio de Janeiro, 1996.

______. *Sankofa I*: A matriz africana do mundo. São Paulo: Selo Negro, 2008.

PACHECO, Ana Claudia L.. *Mulher negra*: afetividade e solidão. Salvador: EDUFBA, 2013.

PINHEIRO, Bárbara; ROSA, Katemari. *Descolonizando saberes*: a Lei 10639/2003 no ensino de ciências. São Paulo: Livraria da Física, 2018.

QUIJANO, Anibal.Colonialidade do poder, eurocentrismo e América Latina. In: Lander, E. (Org.). *A colonialidade do saber*: eurocentrismo e ciências sociais (pp. 345 – 392). Buenos Aires: ConsejoLatinoamericano de Ciencias-Sociales – CLACSO. 2005.

______. Colonialidade do Poder e Classificação Social. In: Santos, B. S. & Meneses, M. P. *Epistemologias do Sul* (pp. 73 – 118). São Paulo, Cortez, 2010.

RIBEIRO. Djamila. *Quem tem medo do feminismo negro?* 1. Ed. São Paulo: Companhia das Letras, 2018.

SANTOS, *Boaventura de Souza*. A gramática do tempo: para uma nova cultura política. 3a. ed. São Paulo: Cortez, 2010.

SILVA, Henrique; PINHEIRO, Bárbara. Produções científicas do antigo Egito: um diálogo sobre Química, cerveja, negritude e outras coisas mais. *Revista Debates em Ensino de Química*. 2-25. 2018.

SILVA, Renato. *Isto não é Magia; é Tecnologia*: subsídios para o estudo da cultura material e das transferências tecnológicas africanas 'num' novo mundo. São Paulo: Ferreavox, 2013.

SOARES, Lissandra; MACHADO, Paula. "Escrevivências"como ferramenta metodológica na produção de conhecimento em Psicologia Social. In *PEPSIC*. Disponível em: http://twixar.me/syNT. Acesso: outubro de 2019.

SOUZA, Maressa de. Vivendo de amor: sobre emoções e a afetividade negra em Bell Hooks. In: *Cacheia*, 2017. Disponível em: http://twixar.me/cyNT. Acesso: setembro de 2019.

SOUZA, Neusa S. *Tornar-se negro*: as vicissitudes da identidade do negro brasileiro em ascensão social. Rio de Janeiro: Edições Graal, 1983.

WALSH, Catherine. Interculturalidad, plurinacionalidad y decolonialidad: las insurgencias político-epistémicas de refundar el Estado. *Tabula Rosa*. 9, 131-152, 2008.

WERNECK, Jurema. O *Samba Segundo as Ialodês*: mulheres negras e a cultura midiática. Tese de Doutorado em Comunicação e Cultura, Universidade Federal do Rio de Janeiro, 2007.

XAVIER, Giovana. *Você pode substituir mulheres negras como objeto de estudo por mulheres negras contando sua própria história*. Rio de Janeiro: Editora Male, 2019.